夫妻和家庭中的丧失：
一种精神分析的视角

PSYCHOANALYTIC APPROACHES TO LOSS
Mourning, Melancholia and Couples

[澳] 蒂莫西·基奥
(Timothy Keogh)

[澳] 辛西娅·格雷戈里-罗伯茨
(Cynthia Gregory-Roberts) ——— 编

张洁 胡华 ——————— 译

张洁 ————————— 审校

重庆大学出版社

多年前，《夫妻和家庭中的丧失：一种精神分析的视角》这本书的英文版出版时就由编者Timothy Keogh 和 Cynthia Gregory-Roberts 作为礼物送给了我。其中，Timothy 作为中美班的教员在中国教学了三年。我想他的这种教学体验如同大多数在中国教学的来自四方文化背景下的精神分析师一样，带有对精神分析怎样在中国这个不同于他们自己文明的古老东方文化大国中运行的好奇，甚至怀疑。精神分析真的能在这个"他者"的土地上发展吗？

正如编者在本书的中文版序中写的那样："初看中国文化和精神分析，两者之间似乎存在一些难以调和的差异。但自20世纪20年代以来，精神分析在中国越来越受到欢迎，让我们发现两者之间本质上的一些相似之处。"

但差异也是客观存在的，这也给精神分析提供了一个涵容"他者"的机会。我认为这种涵容只会让精神分析在这个"新大陆"上继续茁壮成长。

这本讨论丧失、复杂性哀伤和代际创伤的书，更合适地说应该是本论文集，涵盖了多个国家的精神分析学者聚焦在家庭和夫妻之间的丧失，以及由于这些丧失的病理性处理而引发的一系列精神健康问题或心身疾病上。这些多国学者的合作，创建性地提出了短程聚焦的解决方案。虽然短程，但是跨度很大：从自闭-毗连阶段、偏执-分裂阶段、抑郁临界/抑郁阶段，最终到俄狄浦斯期（偏执-分裂和抑郁两个阶段的亚阶段），焦虑的性质从虚无（消融和溢出）、被害（外部与内部的被害感）、绝望（感到自己无法修复）到嫉妒（被排斥和忽视）。如此，配对有相应阶段的防御和联结的性质，治疗也有相应的焦点。也许对于一个正统的精神分析者来说，他们会认为这不是精神分析，他们会质疑这与CBT有什么区别？也许这些夫妻，这些家庭中的一些成员在短程治疗后会另外去寻求高频的个人分析，但是，在一个全球性的复杂性哀伤在正常人群中达到10%~20%（2006）的现实中，焦点短程解决是必要的。更何况现在是COVID-19流行数年后，以及世界几个地区在战争中。目前，这本书中提到的复杂性哀伤在ICD—11(2018)中叫作复杂性创伤后应激障碍（CPTSD）。

这本书中详细描述了家庭怎样通过退行防御回避哀悼，而治疗师怎样通过寻找代际创伤的蛛丝马迹点亮照进悲剧往事的灯，从而让不可理喻之事变得可以理解，因而可以去接近和哀悼过去的创伤。书中也思考了早年丧失父母的孩子在成年后的夫妻功能受到的影响。当然，本书的作者也不忘提醒读者适应症：短期干预适合既往功能良好，不涉及严重的边缘或精神病性功能水平的家庭和夫妻。

形形色色的创伤是我们生活中常见的一部分，我们不能因为常见而对此置之不理。书中令人印象深刻地提到：如果不能修通丧失，哀悼创伤，就会与一个过去的理想化客体捆绑在一个致命的关系里，如此发展，最终导致思考和象征能力困难，并导致他们的精神生活陷入瘫痪和窒息。由于对丧失客体既爱且恨的强烈矛盾情感，这种情感风暴让人难以承受，为了能在这种风暴中存活下来，人们常易于退缩到偏执-分裂状态来寻找一个外部的敌人，如果这是种群体现象，精神分析家Fornari认为这是战争的根源。

人们只有认识到丧失是人类生活的一部分，面对丧失，为丧失正名，不因为生活之苦而感到羞耻，哀悼才可得以完成，因而，人们也少一些在创伤中强迫性重复的可能。

本书的两位译者都是精神科医生，她们分别作为中美班的翻译和学员与作者Timothy Keogh相遇。在几年的精神分析的理论和实践中，她们不光精进了精神分析，而且她们的英语能力也得到了极大的提高。这本书的翻译在我看来，专业理论翻译准确，文字语言流利，这是一本很好的教科书式的著作，我自己已经从中获益良多，我郑重地向读者推荐这本书。

童俊　教授、主任医师、博导

IPA认证分析师

IPA中国学组首任主席

2024年1月30日于武汉

　　精神分析的跨文化魅力源于其思想内核和孕育它的哲学土壤，使得它在各种文化下都具有普适性。鉴于文化也会影响到精神分析的运用，比较不同的文化之后，我们发现精神分析与一些文化有着更自然的融合力。

　　初看中国文化和精神分析，两者之间似乎存在一些难以调和的差异。但自20世纪20年代以来，精神分析在中国越来越受到欢迎，让我们发现两者之间本质上的一些相似之处。

　　中国文化的核心特征对我们来说具有一种基本的亲近感，比如中国文化强调和、仁、义、礼、智和信等。这些特征也对应到中国文化中众多丰富的元素，比如音乐、书法、武术、茶道、佛教、道教、太极和中医药等，它们构成了中国文化的重要组成部分。

钟杰（2011）提到，中国文化的基本哲学思想是"合一"，其构成中国人和谐与和平的信念基础。这被认为是中国社会和家庭的首要原则，也是理解中国人的思想和心灵的首要原则。相比之下，精神分析与欧洲哲学相一致，关注的是个体，是一种理解个体无意识冲突和促进个体化过程的心理治疗方法。

此外，Ng（1985）提出，精神分析治疗工作中，中国文化中处于核心地位的和谐与和平的信念导致它与精神分析之间出现紧张的关系。中国传统观念认为，精神疾病涉及人与自然的关系失衡或失调。Ng还指出，寻求精神分析帮助也受到相关文化观念的影响，即"家丑不外扬"。这些观念可能还会影响夫妻对关系问题的讨论，尤其是因子女死亡而产生的问题。文章同时也提出，精神分析不是一项指导性的干预方式，它是否能轻松适应一种推崇服从和克制愤怒的文化呢？

尽管存在这些考验，我们也深知，中国是一个人口众多的国家，那些承受未处理的丧失之痛的父母们迫切需要心理支持。目前，尽管据统计，我国2022年婴儿死亡率下降至4.9‰，降至历史最低，但仍然有许多父母属于高风险群体。相关数据（Lundorff et al., 2017）表明，西方近10%的人口存在出现持续哀伤障碍的风险。

2008年，中国西南部汶川特大地震造成69227人遇难，17923人失踪，以及重大财产损失，Li等人（2015）对这次灾难的研究帮助人们了解了复杂性/持续性哀伤的患病率和风险因素。尽管这项研究针对的是创伤和突发性丧失对个体而不是夫妻的影响，研究结果也显示了该人群中——特别是失去孩子和存在创伤后应激障碍（一个独立的诊断类别）的群体——复杂性哀伤的高发病率。

另一项由胡晓玲等人（2015）进行的研究表明，发生汶川地震18个月后，失去孩子的中国父母特别容易出现复杂性哀伤障碍。这一结果与西方国家的研究结果相同，表明依恋关系的丧失是导致复杂性哀伤出现的因素之一。这项研究也关注了政治和文化因素对丧失的影响，比如在中国家族中有一个继承人的重要性，即承担与孝道有关的社会和法律责任。尤其是人们认为，孩子承载着整个家庭的希望，肩负着承前启后的社会责任。有人指出，一个家庭在汶川地震中失去一个孩子之后再生一个孩子，父母出现复杂性哀伤的概率也相应减少。

虽然汶川地震的遇难者中有很多是儿童或青少年，但 Zheng（2017）的一项研究强调了在经历和应对丧失和丧痛的过程中，关注相应的政治和文化背景的重要性。这项研究考察了成年子女的死亡如何影响失独老人的生活。失独老人这个群体表现出"持续性哀伤障碍"的高发病率，相关的社会和文化期待也成为该群体经历和应对丧失的特殊影响因素。这些父母不仅失去了与他们唯一的孩子的依恋关系，也失去了年老后可以依赖的孩子的照顾和经济支持，他们和整个社会原有的养老计划一起破灭。

和西方一样，中国学者对该方面的研究甚少，因此也缺乏相应的干预措施来处理哀伤对夫妻关系和夫妻关系中个体功能的持续负面影响。根据我们的经验，无论是夫妻还是大众，都没有意识到失去一个孩子或亲密的家庭成员对夫妻关系会有怎样的影响，以及它与早年的丧失之间的联系。这可能部分归因于缺乏一个针对丧失对夫妻关系影响的评估和应对体系。

基于上述这些问题，我们借本书展现基于西方精神分析思想的方法在临床中的应用及意义，希望能帮助中国的心理工作者从精神分析的角度理解和帮助中国的夫妻，特别是经历丧失后出现忧郁反应的夫妻，或者用现代诊断术语说，患有"复杂性／持续哀伤障碍"的夫妻，该诊断的定义我们在"引言"中进行了详细的阐述。

本书中，我们对未处理的哀伤 / 丧失后忧郁反应进行了精神分析式的思考，为丧子之痛对夫妻关系的影响提供了一个评估模型，并基于我们提出的"未妥善处理的哀伤之三元图"（Unresolved[1] Grief Triad，UGT）设立了一个短程治疗模式。

死亡、丧失、丧亲、哀伤和哀悼是全人类要面对的主题，然而，本着增强意识觉察性和理解力的理念，我们需要关注的不仅是心理层面（心理间和心理内部），还有文化和历史因素如何影响夫妻对丧失和哀伤的反应。

本书汇集了来自澳大利亚、欧洲、英国、北美和南美等多国精神分析临床工作者的论文，尝试从多文化整合性视角探讨未处理的丧失对夫妻的影响。

我们希望本书能够带给中国的同行们一些启发和思考，也期待我们后续的书中能够收录中国同行们的相关文章。

蒂莫西·基奥

参考文献

Chow, L. J., Shi, Z., & Chan, C. L. W. (2015). Prevalence and risk factors of complicated grief among Sichuan earthquake survivors. *Journal of Affective Disorders*, 175, 218–223.

Hu X, L., Li X. L, Dou, X. M, & Li R. (2015). Factors Related to Complicated Grief among Bereaved Individuals after the Wenchuan Earthquake in China. *Journal of Chinese Medicine (English)*. 128(11):1438-1443.

Lundorff, M., Holmgren, H., Zachariae, R., Faver-Vestergaard, I., & O'Connor, M. (2017). Prevalence of prolonged grief disorder in adult bereavement: A systematic review and meta-analysis. *Journal of Affective Disorders*, 12:138-

---

[1] unresolved在本书中也译为"未完成的 / 未处理的。" ——译者注

149. doi: 10.1016/j.jad.2017.01.030.Epub 2017 Jan 23.

Ng, M. L. (1985). Psychoanalysis for the Chinese—applicable or not applicable? *International Review of Psycho-Analysis*, 12(4), 449–460.

Zheng, Y., Lawson, T. R., & Anderson Head, B. (2017). "Our Only Child Has Died"- A Study of Bereaved Older Chinese Parents. *Faculty Publications-School of Social Work*: 13.

Zhong, J. (2011). Working with Chinese Patients: Are there Conflicts Between Chinese Culture and Psychoanalysis? *Journal of Applied Psychoanalytic Studies*, 8: 218-226

本书聚焦于夫妻和家庭经历的丧失，持久的丧失之痛会形成慢性忧郁型抑郁和绝望感，诊断上称之为复杂性哀伤。基于过去几十年来夫妻和家庭精神分析临床和理论的发展，在弗洛伊德发表《哀悼与忧郁》(Mourning and Melancholia)（1917）一文的一百年后，本书为读者介绍了与哀悼、丧失、忧伤主题临床表现相关的一系列当代创新的观点。国际著名的精神分析师们根据丰富的临床经验发展了一个整合客体关系和联结理论的治疗框架，为理解夫妻和家庭中呈现的复杂性哀伤提供了一些新的视角。他们的临床探讨对当代精神分析技术、元心理学和认识论基础提出了质疑，并由此扩展了一个新的研究领域。这种新的倾听方式聚焦于夫妻关系的主体间性，强调了这种诊断和治疗方法对心理健康的预防意义。从这一点来说，本书还考察了未完成哀悼的丧失（un-mourned loss）的代际性传递的影响，它不仅影响了夫妻（家庭）这个整体，也影响了他们生活的社会和文化背景。此外，本书关注了一个对当代社会意义重大的临床问题，未完成哀悼的丧失不仅会带给个人，还会带给夫妻、家庭以及整个社会极大的痛苦和负面影响。本书的作者们均得到 IPA（国际精神分析协会）和 IACFP（国际夫妻和家庭精神分析协会）的认证，为夫妻和家庭精神分析领域的发展做出了重大贡献。

罗莎·嘉依汀（Rosa Jaitin）

国际夫妻和家庭精神分析协会主席

人类大都会经历丧失、悲伤和哀悼。几个世纪以来，传统、文化、宗教、哲学、人际敏感性、慷慨和代际间的智慧帮助人类应对这些痛苦。然而，本书表明，当出现复杂性哀伤时，黑暗和绝望会笼罩内心世界，这些支持常常是不够的。在这些情况中，人们通常会求助于药物治疗。本书的作者们向读者们展示了精神分析如何更深入问题的本质，特别是夫妻和家庭精神分析治疗如何帮助人们面对并修通失去家庭成员所带来的巨大丧失，避免像厄尔普斯和欧律狄克斯那样否定、撤回或执着于不可能的、全能的恢复。

我强烈推荐这些关于复杂性哀伤的开创性文章，不仅因为它们的学术价值，还因为它们充满了人性。本书既精彩又感人，内容广泛深刻，并植根于精神分析理论和文化。它包含了现今对这一问题最好的精神分析方法，感谢来自世界各地最富有经验的优秀临床医生们，他们展现了对夫妻和家庭精神分析的前沿观点。

斯蒂凡诺·波洛格尼尼（Stefano Bolognini）

国际精神分析协会前任主席

一百多年前弗洛伊德发表了一篇开创性文章《哀悼与忧郁》，在一百多年后的今天，一本收集了一系列关于夫妻和家庭关系中丧失的研究型论文集出版了，这是多么及时。蒂莫西·基奥和辛西娅·格雷戈里 - 罗伯茨汇集了他们关于夫妻和家庭经历的丧失的创造性观点，收集了来自世界各地的夫妻和家庭精神分析治疗师们优秀的临床论文。大家都一致认为，丧失的无意识意义决定了是完成哀悼还是陷入严重的抑郁。

本书的作者们都是这个领域经验丰富的临床治疗师，通过结合客体关系理论和联结（el vinculo）的概念，提出了丰富的观点来理解关系中未完成哀悼的丧失，包括代际之间的丧失对当前关系的影响。还有一些篇章通过详细分析临床资料或者电影，说明了人们会回避那些冲击性极强的有形丧失，但对于那些无形的丧失，比如失去一段理想化的关系，则很难回避。他们向人们展示了，这些丧失如果没有被处理，它们就会对关系产生破坏性影响。我们知道，丧失是人类生活中必定会经历的体验，对其哀悼的失败会损害心理健康。书中令人印象深刻的是，它向人们呈现了未识别和未完成哀悼的丧失会如何深植于夫妻和家庭的心理世界，并如何阻碍创造性的成长。对于那些与夫妻和家庭工作的人，无论是夫妻治疗师、分析师或者心理健康工作者，特别是对那些希望更深入理解丧失的无意识内容及其对关系的影响的人来说，本书无疑是非常值得仔细研读的。

玛丽·摩根（Mary Morgan）

塔维斯托克关系研究夫妻精神分析学高级讲师

精神分析夫妻心理治疗一直被视为是精神分析的分支——也许像一个穷表亲，只是正统的个体分析的远亲。这一点确实对夫妻精神分析研究和治疗产生了不利影响。矛盾的是，如果我们转动镜头，会很容易发现，个体精神分析同样可以被认为是夫妻研究的衍生，因为个体分析师会经常提到"分析性夫妻"。可以说，分析性关系的效力源于它很像更常见的夫妻和生活伴侣的情感亲密性。

我们每个人都源于两个人的结合。大多数的孩子要么和抚养他们的夫妻住在一起，要么期待他们的单亲父母能有一个伴侣。随着单亲

---

[1] 本书英文原书系 Routledge 出版的"夫妇和家庭精神分析丛书"分册之一。该系列丛书旨在巩固和扩展塔维斯托克关系（伦敦）的工作，并提供关于成人伴侣关系和夫妻心理治疗的精神分析导向的优秀论文。——译者注

家庭逐渐增多，孩子通常会与父母发展出过度亲密的关系，而这种孩子 - 父母的关系勉强代替了孩子依然渴望的成人伴侣关系。成人夫妻以各种不同的方式，为孩子提供了一个安全成长但有着严峻考验的环境。写到这里，我想到西方文化传统的背景是犹太教、基督教。很多土著、中东或者非洲文化对家庭有着不同的看法。但双亲家庭的原型在西方是很有韧性的，并且在中国和一些其他地方也成为常态。

如果您认可我的观点，即目前西方思想的核心结构建立在无意识中的家庭这一基础上——家庭作为连接父母之间的纽带，那么我们可以把这看作是任何心理学的起点。然而，生理上的起点是每个个体的卵子和精子的单细胞配对！至少从生物学意义上来说，个体是建立在夫妻的基础之上的。这给我们带来一个哲学难题，如何看待个体的自我 - 投注（self-investment）——弗洛伊德的"原初自恋"——一旦我们每个人都建立在夫妻的生理和心理基础上。基本上我们每个人都在寻找并重建早期的夫妻关系，同时面临着这个安全堡垒会瓦解的危险。

约翰·鲍比（John Bowlby）把恋爱描述为一种建立依恋关系的情感，丧失则是一种失去这种关系纽带的感受。从这个角度来说，我认为伴随着我们发展出原生家庭——不管是和单亲、双亲还是一个充满爱的大家庭——之外的爱的关系，我们都面临着这种从父母那里分离和个体化的丧失。当然，这些丧失是青春期和成年期必然会经历的普遍的丧失，它们构成了哀悼的基本过程，不仅促进了个体的成熟，也帮助个体应对生活中不可避免的、痛苦的、意料之外的丧失。

本书为研究早期丧失和发展性创伤提供了多种矢量，探索了它们对成年夫妻关系的影响。这是我所知道的第一本专门探索夫妻之间丧失和哀悼方面的书，它为夫妻治疗中评估未完成的哀伤提供了一个框架。这不是（也不应该是）一项对成长中普遍的、正常的哀悼的研究。从来没有什么无障碍的"正常的成长！"但是，就像我在前文说到的，成长中丧失和哀悼的经历为健康的发展以及为应对世事无常的生活中可能会导致发展停滞的创伤性丧失奠定了基础。这些早年成长中普遍的丧失也是夫妻和三元关系的丧失——失去了和父母成为生活伴侣的事实和幻想，即使在单亲家庭也是如此——发现父母也有其他爱的人和伴侣之后内在的幻灭。众多发展性丧失都始于夫妻和家庭关系的丧失。因此，作为临床工作者，当我们面对经历丧失之苦的夫妻和他们的哀悼不能时，面对咨询室中常见的创伤和早年丧失所致的共同的忧郁时，会发现大多数时候对这些夫妻来说，这并不是他们经历的第一次丧失，而是早年未完全克服的情境的重复。

本书的每一位作者都从不同的视角考虑到了这个情况。本书的一个特别的优势是作者们来自五湖四海，从阿根廷到澳大利亚、美国、英国、意大利和西班牙。这种多样性为我们提供了不同的切入点，有机会从作者们的探索性理论假设和生动的临床案例两个方面去考察文章所强调的重点。

阅读这些章节，每一篇都聚焦于丧失的不同方面和被阻滞的哀悼的结局，我被各种不同的基础性假设所震撼，这些假设矛盾性地趋向一些重要的想法。这是因为两位编者把在会议中结识的同行聚在一起，汇报着他们的想法和临床工作，既阐述了他们不同的思维方式，也在寻求这种趋同性。我们可以通过夫妻应对哀伤和哀悼过程中遇到的困难这个视角来看待夫妻，但在每一个案例中，作者们都从不同的理论和国家等立场出发——还跨越了四大洲的距离。这也使我们能够关注他们的共同之处。通过这种方式，本书展示了如何将不同的理论方法结合在一起治疗夫妻和家庭的丧失，从而代表了当代针对丧失和哀悼治疗的前沿综合技术。

本书中我们使用了客体关系理论、弗洛伊德和比昂的理论和联结理论——所有这些都是为了增进我们对丧失、忧郁和夫妻中被阻滞的哀悼等核心问题的理解。这些被抑制的过程不仅是个人治疗中抑郁和忧郁问题的基础，也是夫妻、伴侣和家庭遭遇的问题的基础。

本书为研究夫妻被阻滞的哀悼和抑郁提供了基础，也为观察所有个体抑郁症起源的新方法提供了基础。那些表面上独自来到我们咨询室的来访者们，实际上在内心还有陪同他们一起到来的已故的父母、内心悲伤孤独的伴侣，我们在个体治疗中经常会遇到一个人讲述着夫妻共同的问题和痛苦，而等候室里坐着陪同他们一起来的生活伴侣。从这个角度来说，让我们怀着感恩的心静候接下来的章节所呈现的清晰的基础理论和生动的临床案例。

大卫·萨夫　医学博士

卡尔·巴格尼尼（Carl Bagnini），华盛顿特区和纽约长岛国际心理治疗研究所（IPI）创始人之一和高级教员。他是 IPI 硕士和夫妻治疗电话会议培训项目专题主持人，在 IPI 儿童心理治疗项目任教，儿童精神分析项目小组促进者。卡尔是阿德尔菲大学德纳精神分析、督导和夫妻治疗高级项目成员，在圣约翰大学整合家庭治疗博士后课程中教授家庭治疗和夫妻治疗。卡尔曾多次在国内和国际会议上担任客体关系临床议题的专题主持人和讨论者，并撰写、合著了多篇关于精神分析儿童、夫妻和家庭治疗、督导、临床教学的文章及书著章节。著有《让夫妻接受治疗：由浅入深地工作》[*Keeping Couples in Treatment：Working from Surface to Depth* ，Roman & Littlefield（Aronson），2012]。

安娜·玛丽亚·尼科洛（Anna Maria Nicolo），医学博士，意大利精神分析学会（SPI）主席，SPI-IPA 培训分析师，IPA 认证的儿童和青少年专家。她曾是 IPA 代表委员会（欧洲）区域代表，欧洲精神分析联合会（FEP）青少年论坛成员，儿童和青少年精神分析心理治疗协会（SIPsIA）创始成员，国际夫妻和家庭精神分析协会（AIPCF）创始成员。同时，她也是《国际社会》（*Interazioni*）主编，出版多部意大利、英语、法语和西班牙语著作，《转化中的家庭》（*Families in Transformation*）一书的联合编辑。

伊丽莎白·帕拉西奥斯（Elizabeth Palacios），医学博士，精神科医师，马德里精神分析协会成人和儿童精神分析师，IPA 成员，阿拉贡儿童和青少年心理生活研究学会（AAPIPNA）创始成员和主席。她还是西班牙心理治疗师协会联合会正式成员，儿童和青少年精神分析心理治疗研究项目教师，IPA夫妻和家庭委员会欧洲区联合主席。与大卫·萨夫（David Scharff）合编了《夫妻和家庭精神分析：全球视角》（*Couple and Family Psychoanalysis : A Global Perspective*），也是一些关于儿童和青少年精神分析书籍的作者和编者，《精神分析思维》（*Pensamiento Psicoanalítico*）西班牙语评论编辑。

朱迪斯·皮克林（Judith Pickering），哲学博士，精神分析心理治疗师，家庭和夫妻治疗师，于悉尼私人执业。她是澳大利亚和新西兰心理治疗协会督导师和教员，澳大利亚和新西兰荣格分析师协会培训分析师，澳大利亚夫妻、儿童和家庭心理治疗协会成员，英国夫妻心理治疗师和咨询师学会成员，国际分析性心理学协会成员。她曾在澳大利亚、美国和欧洲发表多篇文章，并发表演讲。著有《坠入爱河：借助治疗克服对爱的心理障碍》（*Being in Love：Therapeutic Pathways Through Psychological Obstacles to Love*），即将出版《生命的意义：心理治疗就像心灵之旅》（*The Meaning of Life：Psychotherapy as Spiritual Practice*）和《夫妻之外爱的转化：一项夫妻治疗中比昂理论的临床应用》（*Transformations in Love Beyond the Couple：An application of the clinical theory of Bion to Couple Therapy*）。

斯蒂芬妮娅·塔姆博纳（Stefania Tambone），哲学博士，心理学家，儿童和青少年心理治疗师，专门从事夫妻和家庭精神分析方面的研究。她也是受虐待儿童治疗社区创始人。

莫尼卡·沃尔奇默（Monica Vorchheimer），布宜诺斯艾利斯精神分析协会（APdeBA）培训和督导分析师，IPA 正式成员，欧洲心理治疗联合会（FEAP）成员，AAPPIPNA（西班牙）荣誉会员。IPA 拉丁美洲夫妻和家庭委员会联合主席。她也是阿根廷大学心理健康研究所教授，曾荣获阿根廷精神分析协会授予的布莱格奖（1998年）、斯托尼奖（2001年），布宜诺斯艾利斯精神分析协会授予的利伯曼奖（1999年）。她在个体治疗、家庭和夫妻治疗方面有着丰富的经验。近期，她和大卫·萨夫合作编辑了《家庭和夫妻精神分析临床对话》（*Clinical Dialogues on Psychoanalysis with Families and Couples*）。

卡特里奥纳·沃洛特斯利（Catriona Wrottesley），精神分析心理治疗师，英国精神分析委员会注册个体治疗师。她是伦敦塔维斯托克关系研究负责人（夫妻和个体心理动力咨询和心理治疗硕士负责人，性心理和关系治疗硕士课程负责人）。她也是国际杂志《夫妻和家庭精神分析》（*Couple and Family Psychoanalysis*）编委会成员及其书评编辑。

　　丧失是一个全球性的议题，本书的一个创造性成果在于它尝试整合丧失的跨文化理论和临床方法。查特文（Chatwin，1998）在讨论澳大利亚土著居民关于梦的概念时，指出："土著的创世神话讲述了传说中的图腾生物在梦中游荡在大地上，唱出他们途经遇到的每样事物的名字——鸟、动物、植物、岩石和水坑——唱出世界的存在。"作者继续说道："……每个图腾的祖先在穿越这个国家时，都被认为沿着他的足迹播撒了一段文字和音符，这些梦的轨迹横亘在大地上，作为最遥远的部落之间沟通的'方式'……至少从理论上讲，整个澳大利亚可以被视为一篇乐章。"（Chatwin，1998，p2；Hooke，2016）查特文的话就像是一个激动人心的比喻，象征着精神分析朝着思想中的新大陆前进："这些图腾生物游荡着……语言的轨迹……留下脚印和梦的轨迹，以供遥远的部落之间交流……"

对于本书，我们可以想象一幅世界地图，上面标记着点和线，以示精神分析团体和文化之间的连接，精神分析通过文化的交融、结合和交叉在新的大陆上繁荣昌盛，逐渐形成我们现在看到的精神分析地图。《夫妻和家庭中的丧失：一种精神分析的视角》一书跨越了一系列不同的理论和临床方法，跨越了广阔的地理区域，开辟了新的领域，尝试以多样化的方式达到和谐统一。

其中之一与国际精神分析体制有关，即国际精神分析协会（IPA）作为"多样性的容器"，作为一个重要的科学机构，让同行们能够聚集在一起合作一些项目，一些特殊的研究和兴趣点。斯蒂凡诺·波洛格尼尼（Stefano Bolognini，2017）指出这并不是偶然出现的。他说："这并不是显而易见的；如果没有科学研究团体之间广泛的、积极的合作参与，是很难想到并实现这一点的。"他进一步强调了IPA夫妻和家庭委员会"作为一个自然的平台和框架，为众多研究者提供了定期进行国际和地区内部联系、交换的地方，得以实现丰富的文化渗透，这一点单就个人、一个独立的科学团体或者地区学会都是很难做到的"。

当然，作为一个"多样性的容器"，它并不是既定的，而是像抑郁位态那样是一种不断失去和获得的事物；就像精神分析历史向我们展示的那样，新的国土对它的发展和新思想的接受过程并不是没有痛苦的。在新的文化或者新的理论领域中，与"他者"的相遇不可避免地会引发对未知的恐惧：只有当每一方都能够坦然接受对自己的假设和信念的面质、审视和反思时，才有可能实现一种对话（Jullien，1998）。

本书出色而创新地向我们展示了这种多样性的整合是可能的。

它开创性地结合了客体关系和联结理论［拉丁语中，联结理论（teoria del vinculo）中的"el vinculo"作为名词有着更强的共协性］。此外，它还为经历丧失的夫妻和家庭提供了一种重要的新方法和干预措施。由此，它在当代世界开辟了一个广阔的临床和社会相关的领域。这里，我也在想，精神分析在新的国家得以发展，而这些国家也经历了巨大的历史创伤，那些丧失可能还无法被确认，只能在身体内部被"默默承受"。我也想到越来越多的难民和移民离开他们自己的祖国和大家庭，还有被殖民的土著居民，他们同样遭遇了巨大的丧失。

本书呈现的这种开创式的文化渗透，综合了多种理论临床资源，跨越了地域和理论的维度。它延续了亚伯拉罕、弗洛伊德和克莱因对丧失和哀悼心理学的理论路线，将其和皮雄·里维埃（Pichon Rivière）的理论以及丰富的拉美精神分析传统联系起来，将内部世界和外部社会联系起来。这里我们看到精神分析思想作为一个"多样性的容器"，是如何促进各种思想的建立，类似想法的汇合的，通过来之不易的、共享的经验和临床上的合作，我们获得了一些真知灼见。撰写本书的时候正值弗洛伊德《哀悼与忧郁》一文发表100周年，也使得本书的出版令人感触良深。

本书还涉及另一个方面：它不仅对临床工作者有帮助，对决策者和社区也具有一定的社会价值。我认为包括四点：

第一，它会潜在影响与心理健康服务相关的公共政策以供社区运用。

第二，它可以用于教学培训精神分析师，我们的领域在应用精神分析方面有着非常丰富的传统。精神分析师一直是有组织的团体工作的先驱者，目前的研究涉及暴力、创伤和创伤的代际性传递。这些工作还没有被纳入精神分析的培训中。最后，通过一个整合的模型，新增了儿童和青少年精神分析培训，可以作为模板以供未来团体分析和家庭/夫妻精神分析培训所需。

第三，本书另一个潜在优点是能够帮助社区加强对家庭和夫妻经历的丧失的认识，认识到丧失是人类生活和经历中不可缺少的、正常的部分，为经历丧失正名，为哀悼铺路。我是指本书用一种非常真实和实际的方法将丧失"正常化"。希望通过这一帮助，这些痛苦能够被人们理解、处理，并最终释怀。

最后一点，涉及的是西方现代文化中对爱情和爱的理想化，莫尼卡·沃尔奇默在本书中提到的日常的琐事挑战着夫妻的生活以及他们共享的"理想化的归属感"和相同性。斯蒂芬·米切尔（Stephen Mitchell）在他的书《爱会长久吗？浪漫的命运》（*Can Love Last? The Fate of Romance Over Time*, Mitchell，2002）中也提到相似的概念。这些关于"浪漫的另一面"重要的、有益的观点并没有被当前的社会关注，我们在思考怎样能够让它们在比如高等教育中的性教育中拥有一席之地，在媒体和女性杂志中发声。

这些听起来可能很乌托邦，但正如意大利当代作家克劳迪奥·马格里斯（Claudio Magris，2001）提出的，乌托邦这个词代表一个无法实现的理想，尽管它让人们梦想一个更美好的世界。他认为，幻想的缺失和清醒把我们带回现实，限制了我们的梦想，这一点可以修正乌托邦，增强了它的基本元素：希望。

我认为，本书中呈现的精神分析的思想和临床案例给予我们希望：这种新的精神分析方法能够有助于缓解经历未完成哀伤的人们内心的痛苦，并提高公众对未哀悼的丧失所带来的社会影响的认识。

玛丽亚·特蕾莎·萨维奥·胡克（Maria Teresa Savio Hooke）
澳大利亚精神分析协会前任主席
国际精神分析协会国际新小组（ING）委员会前任主席

参考文献

Bolognini, S. (2017). Preface. *Family and Couples Psychoanalysis*. London: Karnac.

Chatwin, B. (1998).*The Songlines*. London: Vintage Books.

Hooke, M.T. (2016).Psychoanalysis in new places: the work of the International NewGroup. In: *Cartographies of the Unconscious*. Milano: Mimesis International.

Jullien, F. (1998).*Trattato sulla Efficacia.*Torino: Einaudi.

Magris, C. (2001). *Utopia e Disincanto.*Milano: Garzanti.

Mitchell, S. (2002). *Can Love Last? The Fate of Romance Over Time*. New York, NY:Norton.

目录

引言

　　人在一生中经历的最痛苦的丧失莫过于被死亡夺去至爱。有的人在经历丧失后由于无法进行正常的哀悼，而出现一系列严重的心理反应，诊断学中称之为"复杂性哀伤或持续哀伤障碍"（complicated grief/ prolonged grief disorder）（Stroebe & Schut, 2006; Lobb, Kristjanson, Aoun & Monterosso, 2006; Hall, 2011;Maciejewski, Maercker, Boelen & Prigerson, 2016;Kristensen, Dyregrov & Dyregrov, 2017）。

　　哀伤（grief）是一种强烈的悲伤或痛苦体验，它本身属于正常的哀悼过程，只有当它长期影响到日常生活时才被视为病理性表现。复杂性哀伤，指丧失发生后哀伤持续6至12个月，表现为：无法接受丧失的现实、自责、沉浸于对亡者的哀思之中、执着于死亡事件等。这种持续的哀伤程度之深，通常会引发自伤行为和自杀观念（Latham & Prigerson, 2004; Stroebe, Stroebe, & Abakoumkin, 2005）。斯特罗伯和舒特（Stroebe & Schut, 2001）写道，创伤性死亡尤其是个体情感上极度依恋的人的死亡，经常会引发这种持续忧郁性哀伤。持续哀伤障碍是复杂性哀伤的常见形式，具有一些特征性表现（Maciejewski et al., 2016; Kristensen et al., 2017）。ICD-10（《疾病和有关健康问题的国际统计分类（第10版）》）对其诊断标准也进行了专门的定义："伴随分离的痛苦，个体持续沉浸在对亡者的哀思之中。"（Kristensen et al.,

2017,p538）本书中，我们会谈到未完成的哀伤这一概念，并介绍如何识别夫妻一方或双方可能存在的复杂性或持续哀伤障碍的表现。

复杂性哀伤障碍的诊断标准受到众多研究者的关注（如 Prigerson et al.,1995； Horowitz et al.,1997; Lichtenthal, Cruess, & Prigerson, 2004），并逐渐成为一个独立的诊断。研究发现，患有复杂性哀伤的人群占正常人群的10%~20%（Kristjanson, Lobb Aoun, & Monterosso, 2006）。如上文所述，"持续哀伤障碍"也已成为一个明确的诊断分类（Maciejewski et al., 2016）。DSM-5（《精神障碍诊断与统计手册（第5版）》, American Psychiatric Association , 2013）也将"持续哀伤障碍"归入"其他特定创伤与应激相关障碍"下的"持续性复杂丧痛障碍"（Persistent Complex Bereavement Disorder , PCBD）——对于这个已纳入手册的类别，其相应的诊断标准仍需要进一步的研究。

不安全型依恋［与关系内部工作模型（Bowlby，1969）相关］被视为个体出现忧郁反应的显著风险因素，这一点不足为奇。当不安全型依恋的个体面对应激事件表现出适应不良时，就会出现从高度易感性到精神病理性的表现（Shear & Shair, 2005；Lobb et al., 2006）。此外，斯特罗伯、舒特和斯特罗伯（Stroebe，Schut & Stroebe，2005）指出，矛盾型依恋的个体尤其容易沉浸在丧亲之痛中。除此之外，丧失的病理性反应的风险因素还包括：童年时期被虐待、被严重忽视的经历，分离焦虑，与亡者紧密的亲属关系，婚姻的亲密程度，从亡者那里获得的支持水平以及对其的依赖程度等。

在正常的哀伤中，个体会逐渐发展出一些能力来接受丧失。现实中，人们最初被迫直面丧失，再逐渐能够应付更多的情景。通常，梦的内容能够反映出个体对丧失接受程度的变化。然而，当个体无法面对或修通丧失时，就会陷入被迫害、被折磨的心理困境。这样的反应会影响个体对自己和他人（特别是亲密的人）的看法，最终也会降低个体对未来的期望。

对临床工作者来说，治疗患有复杂性哀伤的个体是很有挑战性的，而处理夫妻关系中这类问题更是特殊的挑战。当然，治疗中也会存在一些特别的时机。

忧郁（melancholy）这个概念通常被用来描述一种应对丧失的不良反应，在词源学上有着一段漫长的历史。忧郁是一个希腊词语的拉丁文翻译，指一种严重的、与丧失相关的慢性抑郁状态。这个词最初与黑胆汁（Black Bile）的概念相关：直到19世纪之前，它都是《希波克拉底文集》（一部解释医学治疗原理的著作）的核心概念，根据亚里士多德的说法，波吕波斯（希波克拉底的女婿）在《人的本性》（*Nature of Man*）一书中进行了详细说明（Jones，1931）。通过人类学理论，疾病可以用四种体液元素来解释：黏液、血液、黄胆汁、黑胆汁。这四种液体被用来解释相应的四种气质类型：黏液质、热血质、胆汁质、忧郁质。到17和18世纪，"忧郁的"（melancholic）一词被广泛用于形容一种处于沮丧（dejection）状态的"疾病"。19世纪，抑郁（depression）成为一个专门的术语，用于描述一些涉及忧郁的状态（Jackson，1986）。如上所述，目前的诊断系统进一步对临床抑郁（尤其是重性抑郁发作）与复杂性哀伤反应加以区分，后者涉及潜在的适应困难（Ogrodniczuk et al.，2003）。

弗洛伊德（Freud，1917）是第一个用精神分析理论定义"忧郁"的治疗师，描述了它潜在的心理动力，将它与正常的哀伤区分开来。他从精神分析的视角逐渐展开对"丧失"这个概念的理解，他在《论无常》一文中指出，应对哀悼之痛的失败（形成忧郁反应的基础）阻碍了一个人去体验美、体验活在当下的能力。之后他指出，紧紧抓住对失去的至爱客体的（力比多）依恋不放是这种阻碍的关键因素。文中，他开始精神分析性地思考丧失：

> 为什么从客体那里撤回力比多的投注会令人如此痛苦呢？这对我们来说仍然是个谜；为什么至今我们还不能提出任何的假设去解释它呢？我们看到，力比多紧紧依附于客体之上，即使替代者已稳握在手，也仍然对已失去的对象念念不忘。（Freud，1916，p12）

弗洛伊德描述了正常哀悼和忧郁之间性质上的差别，当代神经科学家（如 O'Connor & Arizmendi，2014）也提出，持续处在这种痛苦中的人，"复杂性哀伤和非复杂性哀伤的中枢神经机制的区别尚未明确……但……在复杂性哀伤中，对亡者的回忆激活了中枢奖赏机制，可能会干扰现实中对丧失的适应"（p3）。

当代精神分析师也认为，个人对丧失的心理适应不良不仅与丧失的性质和时间相关，而且与个体早已存在的心理适应水平相关，尤其是与上述的个体依恋状态和应对哀悼的相关心理能力的缺陷有关。

精神分析对丧失的理解继承了弗洛伊德和客体关系学家的观点，后者进一步拓展了这些观点（见第一章）。这些理论学家认为，对丧失的反应基本上取决于个体在与原初依恋对象的关系中是如何度过第一次丧失体验的。随着对现实的认知逐渐增加，婴儿在早期建立的必要的全能感逐渐被瓦解，不得不开始面对理想化母亲的丧失。成功应对这个挑战的方式是，个体在自我意识的发展中铺设好一条道路，在这条路上，个体完成与生命最初阶段所依赖的、被视为是密不可分的依恋对象的分离。

正如莱玛（Lemma，2016）所写：

弗洛伊德的观点如当头棒喝，让我们意识到我们不可能完全按照自己的意愿拥有一切。从出生起，艰难的旅程就开始了。面对现实，我们体验着挫败、失望、丧失、渴求，这种种体验也成为我们存在的年代记……（*如果我们的发展一切顺利*）……延迟满足的能力、承受不在场和丧失的能力就会成为来之不易的生存经验，它们挑战着我们的全能感，但同时也让我们确信，我们是可以面对现实的，而不会被艰巨的挑战打败。（Lemma, 2016, p6, 斜体部分为作者补充）。

　　这些观点不仅奠定了精神分析对丧失的治疗基础，也奠定了对自体障碍，比如自恋和边缘障碍的治疗基础，它们都涉及一种不稳定的自我意识，导致个体无法应对成长中的挑战，而这些应对方式却有助于个体哀悼能力的发展。

　　对于治疗师来说，理解、处理丧失是一种重要的素质，不仅因为患有复杂性哀伤问题的人数众多，也因为丧失的发生率很高。比如，在美国，每年每十万人就会有824人死亡（Kochanek, Murphy, Xu & Tejada-Vera, 2016）。对于原著居民，比如在澳大利亚，婴儿死亡、自杀、意外死亡和谋杀等事件导致丧失是一件更普遍的事。其他一些因素，尤其是糟糕的健康状况，也导致了年龄标准化后死亡率达到了令人震惊的水平，澳大利亚原著居民中，每1000人就有9.6人死亡，是非原著居民对照组的1.7倍（Australian Bureau of Statistics, 2016）。失去孩子的父母，或者失去父母的孩子，属于丧失中最困难的情况。西方社会的调查显示，有超过一百万的儿童会在15岁之前失去父亲或母亲（Kliman, 1979）。另有一些研究（如Owens, 2008）显示，15岁或更小的孩子中，有5%会失去父母中的一方或双方，并持续处在严重的心理困境之中（Weller, Weller, Fristad, Bowes, 1991）。同样，在高危群体和原著居民中，经历丧失的人口比例会更高一些。失去孩子的父母群体人口比例也非常高，在美国，儿童死亡率达到0.54‰，婴儿死亡率达到0.062‰（Kochanek et al., 2016）。

失去孩子的父母常会出现复杂性哀伤障碍（Prigerson et al., 1999）。罗杰斯、弗罗依德、格林伯格和洪（Rogers，Floyd，Seltzer，Greenberg & Hong，2008）发现，与对照组相比，在丧失后的心理反应方面，存在病理性哀伤反应的父母会报告更多抑郁症状、安适状态差和健康问题。丧失中，流产所致的心理痛苦是极高的，也会导致一系列心理健康问题（见第八章）。流产率预计将达到怀孕率的15%，而习惯性流产（RPL）指的是20周内连续三次流产率达到1%~2%，相比于顺利生产的女性来说，经历流产或死产的女性会面临更高的关系破裂的风险（Ford & Schust, 2009）。

这些统计数据的背后是一个个失去挚爱、失去深刻的情感依恋的悲伤的故事。这些依恋——特别是矛盾型依恋——的丧失，会造成巨大的心理冲击。影响的不仅是个体的认知功能（O'Connor, 2014），还有个体与重要他人的关系以及维持这些关系的能力（Najman et al., 1993; Enguidanos，Calle, ValEro & Dominguez-Rojas, 2002; Rogers et al., 2008）。

这些未完成的哀伤可能会导致夫妻关系破裂、离婚，影响家庭中孩子的发展，也可能进一步导致如关系破裂的代际性重复。除了情感和心理的损耗，这里还涉及直接的经济损耗，比如离婚和托管等程序；一些间接损失，比如生产力损失、躯体健康问题及其他疾病产生的损失。如果家庭的高风险因素能够被及时识别，并在合适的时机接受干预，这些损失是可以降低的（Rosner, Kruse, & Hagl, 2005; Rosner, Pfoh, & Kotoucova, 2011）。

有研究显示，合适时机的干预是指干预并没有影响或过度病理化正常的哀悼过程（Simmon, 2013）。正常情况下，个体会在6到12个月内开始表现出一些对丧失的适应性表现。而如果个体在这个时间段之后仍未出现适应性表现，就提示需要评估干预的必要性。

因此，不仅对存在风险性因素的个体，对这样的夫妻、家庭，在合适时机进行干预也是十分必要的。从长远角度来说，对夫妻和家庭的干预亦能够阻止代际性创伤和未完成的哀伤的影响。

通过来自世界各地的同事的合作，精神分析性治疗的理论框架得以构建——包括客体关系理论和联结理论的整合，形成了当代夫妻和家庭精神分析以及精神分析性心理治疗的先进治疗技术（Scharff, 2017）。我们认为这一技术发扬了客体关系和发展性焦虑理论的优点，并且对于丧失后出现忧郁反应的夫妻和家庭的评估和临床干预是很有帮助的。它源于联结理论中的主体间（主体 - 主体）的观点。这个主体间的视角，最初由胡塞尔（Husserl, 1931）提出，超越了设身处地考虑他人的概念，提出主体是由另一个主体塑造的观点。遵守这一理论框架的夫妻和家庭治疗，既强调了客体关系的核心重要性以及与之相关的发展性焦虑，也强调了夫妻之间共构的双元联结（dyadic link）的性质（Käes, 2016）。另外，这一治疗技术也强调了人格的整合水平（Fairbairn, 1952；Klein, 1946）以及心理自主性功能（Bion, 1962；Caper, 1997）。

相应地，在临床应用中，整合客体关系和联结理论的治疗框架首先聚焦于理解已有的内化关系模型（自体 - 客体关系）或"内部联结"模型为什么难以应对丧失。其次，它聚焦于理解主体 - 主体的联结是怎样潜在地转化性地"干扰"夫妻或伴侣，使得他们把这些内在联结投射到分析师或伴侣身上。另外，这一框架也强调了代际丧失的影响（破坏性"垂直联结"）（Faimberg, 2005），以及为逃避哀悼而出现的夫妻之间的压力（破坏性"水平联结"）（见第二章）。

当联结阻碍了发展，伴侣和家庭应对丧失的方式会破坏哀悼的过程，加速心理功能以及与之相关的发展性焦虑的退行（Keogh, 2013）。这会导致个体或夫妻日常活动功能受损、自责和自我厌恶的倾向以及极端情况下的自杀观念易感性。这种退行有时也包括原始心理状态相关的焦虑（Ogden, 1989）和家庭成员之间精神病性的联结（见第六章）。

本书旨在尝试归纳并阐述这些概念，指导临床工作者为存在复杂性哀伤问题的夫妻和家庭提供有效干预，为治疗经历丧失的夫妻（常见却复杂的临床表现）提供一个独特的精神分析性框架。值得一提的是，这一理论性框架能够有效评估和干预丧失后出现忧郁反应的夫妻或者上一代未哀悼的丧失的症状承载者。本书也记录了有着特殊丧失经历的夫妻或家庭，以及目前针对复杂性、持续性哀伤的丧失反应的精神分析治疗方法，强调了理解这些夫妻内部世界以及这些夫妻彼此之间"联结"性质（见第二章）的价值和重要性。

本书收录了夫妻和家庭精神分析领域著名精神分析师和精神分析性心理治疗师的观点，涵盖全世界不同的文化背景，包括英国、澳大利亚、美国等。因此，本书试图呈现一个重要的跨文化视角，让我们认识到，丧失和哀伤是人类共有的体验，但就其内在和外在世界的表达方式而言也存在着文化的差异。文化是纽带，塑造着我们所有人。

本书第一章和第二章概述了丧失的精神分析治疗框架的背景。第一章总结了弗洛伊德的开创性贡献（Freud, 1917），他关于哀悼和忧郁的观点及研究进展，包括亚布拉罕和弗洛伊德之间的合作性交流，以及亚布拉罕个人的观点。然后，进一步聚焦于客体关系理论的发展，包括克莱因和费尔贝恩提出的理论。克莱因学派的客体关系理论在弗洛伊德本能学说和侧重关系的学说之间搭建起一座桥梁，而费尔贝恩的理论则阐述了人类以关系需要为动机的观点。另外，本章还

提到了后 - 克莱因学派／客体关系的理论学家，特别是比昂（亦见第六章）以及其他当代理论学家，他们所支持的个体心理发展中主体间的临床视角。本章还特别关注了最早由克莱因（Klein，1946）提出的心理（投射性与内射性）认同的过程，这是一种夫妻之间处理自我厌恶部分的方式，尤其是那些被自我分裂出去并投射到对方身上的部分会形成夫妻关系的投射性僵局（Morgan,1995）。

第二章介绍了联结理论，重新回顾客体关系理论的概念，通过整合两个理论进一步发展夫妻治疗技术。本章也探讨了这一理论的局限性，特别是它仅关注自我与内部客体的关系，没有考虑主体 - 主体关系的性质。通过回顾理论发展，明确阐述了治疗关系和联结理论的临床意义。通过案例呈现了临床工作中，他人是如何作为一个"强加因素"具有阻止外部关系——内部的自体客体联结——重演的潜力。然后，从联结理论的角度讨论了经历丧失的夫妻之间的相互影响，在本书中后续的几章里也提到这一内容。

第三章是关于经历丧失的伴侣和家庭的病理性应对反应的评估方法。该评估方法基于一个理论性的框架，关注伴侣和家庭的退行水平以及它们相应的防御策略，也可以说这是一个独特的精神分析性评估方法，它包括我们认为的一些特别有效的工具，包括：跟随情感、与心理发展水平相对应的治疗技术、反移情的运用、对游戏（家庭治疗）的解释。另外，还探讨了联合治疗的应用、特殊技术以及评估过程中基于反移情的探索性解释等。本章也讨论了内部联结／客体关系和夫妻或家庭联结的评估及二者之间的关联，在谈及夫妻和他们对丧失的体验时提出了心理动力性治疗构想的概念。通过一个临床案例，阐述了夫妻治疗中心理动力性治疗设想的重要性。

第四章——作为本书第一部分的最后一个章节，介绍了一个针对丧失后忧郁症状的夫妻治疗框架。该框架强调了夫妻与退行相关的焦虑的重要性，包括心理功能中的自闭 - 毗连[1]位态、偏执 - 分裂位态和抑郁位态模型，以及处理联结中对等性（parri passu）的重要性。基于评估本身就是一种治疗性的干预，本章概述了一些治疗的基本阶段，以及夫妻和家庭心理治疗中这些阶段存在的挑战，包括夫妻和家庭参与的方式、"涵容"的作用和治疗联盟的形成，本章还考虑了评估过程中"解释"这一技术的独特作用，然后提到了一个针对具有丧失后忧郁症状的夫妻的短程干预模式的图示性提纲，该提纲涉及评估 / 参与、修通以及结束阶段的重要部分。

本书的第二部分包括夫妻和家庭有可能会面临的关于丧失的特殊临床表现，以及一些建议。

第五章描述了一个家庭经历丧失后出现的忧郁反应。该案例研究呈现了未处理的丧失如何导致家庭成员精神病性症状的形成。本章介绍了当家庭中孩子出现问题时，家庭治疗能够起到的重要作用。同时，论述了作者认为非常有用的，特别是源于联结理论的一些特殊的精神分析概念。这个案例说明了理解垂直（代际）联结（在这个家庭中涉及未处理的代际丧失）的重要性。

第六章进一步探讨了代际丧失的问题。通过比昂的视角，解读一个关于大屠杀历史背景下的阿雅和乔的案例。尽管没有明确从联结理论的视角进行讨论，通过该案例，我们再次看到未被识别的代际丧失是如何形成垂直联结的。本章也特别描述了比昂"选择性事实"概念的有效性，作者将其进一步扩展为"联合选择性事实"（a conjoint selected fact）的概念，如她所说，通过运用自己的反移情，她和这对夫妻都意识到未哀悼的丧失持续限制了他们作为夫妻亲密相处

---

[1] 关于 "autistic-contiguous"，目前普遍译为 "自闭-毗邻"。译者与本书编者蒂莫西·基奥讨论后，认为将 "contiguous" 译为 "毗连" 一词更贴切，不仅包含了 "相互接触" 的意思，还体现了 "持续的连接感"。所以本书译为 "自闭-毗连"。——译者注

的能力。

第七章介绍了当个体经历失去双亲，而这一丧失引发的哀伤亦未被解决时，这一未被识别的未完成的哀伤是如何影响夫妻关系，并且限制家庭中孩子的发展的。本章介绍的案例论述了儿时失去母亲且父亲功能缺失的经历如何形成情感上代偿性体验，导致忧郁性反应，如何持续阻碍个体未来亲密关系的发展。本章也特别描述了格林（Green）的"死去的母亲"（dead mother）这一概念的特殊应用，以帮助我们理解（内在自体-客体联结的）内在心理状态，以及它是如何引发夫妻问题的。

第八章探讨了针对流产［或者复发性妊娠丢失（RPL）］相关适应性障碍的特殊的治疗性挑战，包括夫妻经历流产后维持关系的能力。尤其是那些被激活的涉及童年创伤的情感，当这些情感未被处理时，常会导致夫妻之间攻击性的指责，或者是出现关系的远离和退缩。本章也特别强调，流产所致的丧失形成无意识的破坏性感受，并通过再次怀孕创造一个新生命来缓解这种感受。同时表明，在对这类夫妻进行干预工作时，把治疗聚焦于破坏和修复过程是非常有帮助的。

第九章着重介绍了日常生活中经历丧失之痛的夫妻。描述了自恋性的夫妻面对生活危机，防御性结构被挑战时，他们会出现的问题。《45年》这部影片描述了联结理论支持下的动力，作者论述了针对丧失后忧郁性反应的夫妻治疗中一个重要的解释性概念。本章也提供了一个视角，帮助我们理解自恋如何导致夫妻间形成一个特殊的"联结"，夫妻关系如何捆绑于完美这一理念之上，如何导致双方拒绝承认彼此的任何差异性。

本书的结尾部分探讨了哀悼对心理治疗领域的重要意义。在夫妻治疗中，治疗空间下的夫妻关系中同样也会出现个人治疗中类似的动力，夫妻治疗师对这类动力的识别和处理是极其有意义的。

现今，许多对精神分析的批判，尤其是那些质疑其治疗效果的声音，都逐渐消失且被正名（Shedler, 2010;Kaechele, 2015），就像本书谈到的那样，我们相信对于那些深受未处理的哀伤之痛的夫妻和家庭来说，夫妻和家庭的精神分析性治疗是一个重要的社会性治疗资源。同样，我们相信这些精神分析性治疗也确定了心理健康服务在大众健康系统中的重要位置。

最后，我们希望本书能够聊以慰藉那些经历丧失之痛的夫妻和家庭，帮助他们踏上走出阴霾、重拾希望之路。

蒂莫西·基奥

参考文献

American Psychiatric Association. (2013).*Diagnostic and Statistical Manual of Mental Disorders* (5th edn). Arlington, VA: American Psychiatric Publishing.

Australian Bureau of Statistics(2016). Report 3303.0-Causes of Death, Australia,2016.

Bion, W.R. (1962). *Learning from Experience*. New York: Basic Books.

Bowlby, J. (1969).*Attachment and Loss. Vol. 1.Loss*. New York: Basic Books.

Caper, R. (1997). A mind of one's own. *International Journal of Psychoanalysis* , 78: 265-278.

Enguidanos, A. G., Calle, M. E. Valero, J., & Dominguez-Rojas,V. (2002). Risk factors in miscarriage: A review. *Europeamn Journal of Obstetrics & Gynecology and Reproductive Biology*,102(2): 111-119.

Faimberg,H.(2005). *The Telescoping of Generations: Listening to the Narcissistic Links Between Generations.*London: Karnac.

Fairbairn, W,R. D.(1952). *Psychoanalytic Studies of the Personality*. London:Routledge.

Ford, H. B.,& Schust,D. J.(2009). Recurrent pregnancy loss: Etiology, diagnosis, and therapy.*Review of Obstetries and Gynecology*, 2(2): 76-83.

Freud, S. (1916).On Transience.*S.E.*,14:305-308.

Freud, S.(1917). Mourning and Melancholia.*S.E.*,14: 239-258.

Hall, C. (2011). Beyond Kubler-Ross: Recent developments in our understanding of grief and bereavement. *Inpsych*,33(6): 7-12.

Horowitz, M.J., Siegel, B., Hole, A., Bonanno, G. A., Milbrath, C., & Stinson, C. H.(1997). Diagnostic criteria for complicated grief disorder. *American Journal of Psychiatry*, 154(7): 904-910.

Husserl, E.(1931). *Cartesian Meditations,*D. Cairns (Trans.). Dordrecht: Kluwer, 1988,

ICD-10 (2004). *International Statistical Classification of Diseases and Related Health Problems* (10th Revision,2nd edn). Geneva: World Health Organization.

Jackson, S. W. (1986). *Melancholia and Depression: From Hippocratic Times to Modern Times.* New Haven, CT: Yale University Press.

Jones,W. H. S.(1931). *Nature of Man. Regimen in Health. Humors. Aphorisms. Regimen l-3. Hippocrates*, Volume IV. Loeb Classical Library,150. Cambridge,MA: Harvard University Press.

Käes,R.(2016). Link and the transference within three interfering psychic spaces. *Couple and Fanily Psychoanalysis,*6(2): 81-193.

Keogh, T., & Enfield, S. (2013). From regression to recovery: Tracking developmental anxieties in couple therapy. *Couple and Family Psychoanalysis,*3: 28-46.

Klein,M.(1946). Notes on some schizoid mechanisms. *International Journal of Psycho-Analysis*, 27: 99-110.

Kliman, G. (1979). Childhood mourning: A taboo within a taboo.In: I. Gerber,A. Wiener,A. Kutscher, D. Battin, A. Arkin & L. Goldberg (Eds.),*Perspectives on Bereavement.*New York: Arno Press.

Kochanek, K.D, Murphy, S. L. Xu,J,& Tejada-Vera,B. (2016). Deaths: Final data for 2014.*National Vital Statistics Report,*65(4). Atlanta,GA: Centre For Disease Control.

Kristensen,P., Dyregrov, K., & Dyregrov, A. (2017). What distinguishes prolonged grief disorder from depression? *Tidsskr Nor Legeforen*,137:538-539.

Kristjanson,L.J.Lobb, E., Aoun, S., & Monterosso,L. (2006). *A Systematic Review of the Literature on Complicated Grief.* Canberra: Edith Cowan University and Commonwealth of Australia.

Latham,A., & Prigerson,H.(2004). Suicidality and bereavement: Complicated grief as psychiatric disorder presenting greatest risk for suicidality. *Suicide Life*

Threat Behavior,34(4): 350-362.

Lemma,A. (2016). *Introduction to the Practice of Psychoanalytic Psychotherapy.* Hoboken, NJ: Wiley-Blackwell.

Leuzinger-Bohleber,M.,& Kächele,H. (2015). *An Open Door Review of Outcome and Process in Psychoanalysis.* London:International Psychoanalytical Association.

Lichtenthal, W. G, Cruess, D. G, & Prigerson, H. G. (2004).A case for establishing complicated grief as a distinct mental disorder in the DSM-V. *Clinical Psychology Review,* 24:637-662.

Lobb,E. A., Kristjanson,L.,Aoun,S, & Monterosso,L. (2006).An overview of complicated grief terminology and diagnostic criteria.*Grief Matters: The Australiamn Journal of Grief and Bereavement,* 9(2):28-32.

Maciejewski, P., Maercker, A., Boelen, P. A., & Prigerson, H.G. (2016). "Prolonged grief disorder"and"persistent complex bereavement disorder", but not "complicated grief", are one and the same diagnostic entity: An analysis of data from the Yale Bereavement Study. *World Psychiatry*, 15(3): 266-275.

Morgan,M. (1995). *The Projective Gridlock: A Form of Projective Identification in Couple Relationships.* London: Karnac.

Najman, J. M., Vance, J. C., Boyl, F., Embleton, G., Foster,B., & Thearle,J. (1993). The impact of a child death on marital adjustment. *Social Science and Medicine,* 37:1005-1010.

O'Connor,M. F, & Arizmendi,B. (2014). Neuropsychological correlates of complicated grief in older spousally bereaved adults. *Journal of Gerontology: Psychological Sciences,* 69B: 12-18.

Ogden,T. (1989). On the concept of the autistic-contiguous position. *International Journal of Psychoanalysis,*70: 127-141.

Ogrodniczuk,J. S., Piper,W. E., Joyce, A. S., Weideman, R., McCallum, M., Azim, H.F.& Rosie, J. S. (2003). Differentiating symptoms of complicated grief and depression among psychiatric outpatients *Canadian Journal of Psychiatry,* 48:87-93.

Owens,D. (2008). Recognizing the needs of bereaved children in palliative care. *Journal of Hospice & Palliative Nursing,*10: 1.

Prigerson,H. G,Frank,E.,Kasl, S. V.Reynolds, C. F. Anderson,B., Zubenko,G. S.,Houck, P. R., Gcorge, C. J, & Kupfer,D.J. (1995). Complicated grief and bereavement-related depression as distinct disorders: Preliminary empirical validation in elderly bereaved spouses.*American Journal of Psychiatry,* 152:22-30.

Prigerson, H. G., Shear,M. K., Jacobs, S. C., Reynolds, C.F. III, Maciejewski,P. K.,Davidson,J R., Rosenheck, R.. Pilkonis,P. A., Wortman, C. B.,Williams,J. B,Widiger,T. A., Frank,E., Kupfer, D. J., & Zisook, S. (1999). Consensus criteria for traumatic grief: A preliminary empirical test.*British Journal of Psychiatry,*174:67-73.

Rogers, C. H., Floyd, F. J., Seltzer, M.M., Greenberg,J. S., & Hong,J. (2008). Long term effects of the death of a child on parents adjustment in midlife. *Journal of Family Psychology,* 22:203-211.

Rosner,R.,Kruse,J, & Hagl,M. (2005). Quantitative and qualitative review of interventions for the bereaved;Stockholm.Paper presented at the 9th European Conference on Traumatic Stress (ECOTS).

Rosner, R.,Pfoh, G.,& Kotoucova, M. (2011). Treatment of complicated grief. *European Journal of Psychotraumatology,* 2:79-95.

Scharff, D. E., & Palacios, E. (2017). *Couple and Family Psychoanalysis: Global Perspectives.* London: Karnac.

Scharff, D. E., & Vorchheimer,M. (2017). *Clinical Dialogues on Couple and Family Psychoanalysis.* London: Karnac.

Shear , M.K.,& Shair,H.(2005).Attachment,loss and complicated grief. *Developmental Psychobiology,* 47: 253-267.

Shedler,J.(2010).The efficacy of psychodynamic psychotherapy. *American Psychologist,*65(2): 98-109.

Simon , N.M. (2013).Treating complicated grief. *Journal of the Americam Medical Association,*310(4): 416-423.

Stroebe,M., & Schut, H. (2006).Complicated grief: A conceptual analysis of the field. *Omega: The Journal of Death and Dying,*52:53-70.

Stroebe,M., Schut, H., & Stroebe,W.(2005). Attachment in coping with bereavement:A theoretical integration. *Review of General Psychology,* 9(1): 48-66.

Stroebe, M., Stroebe,W., & Abakoumkin, G. (2005). The broken heart: Suicidal ideation in bereavement. *American Journal of Psychiatry,* 162: 2178-2180.

Stroebe, W, & Schut, H. (2001). Risk factors in bereavement outcome: A methodological and empirical review. In: M. S. Stroebe, W. Stroebe, & R. O. Hansson *(Eds.),Handbook of Bereavement: Theory,Research, and Intervention* (pp.349-

371).Cambridge: Cambridge University Press.

Weller,R. A.,Weller,E. B , Fristad,M.A.,& Bowes,J M.(1991). Depression in recently bereaved prepubertal children. *American Journal of Psychiatry,* 148(11):1536-1540.

第
一
部
分

丧失的相关理论和临床应用

第一章
精神分析视角下的丧失及其对夫妻和家庭的影响

蒂莫西·基奥

简介

关于丧失，弗洛伊德、亚布拉罕和以克莱因、费尔贝恩为代表的客体关系理论学家们先后从精神分析的视角对其进行了理解和阐述，当代理论学家们又进一步扩展了相关的理论和概念。本书第二章将专门讨论这些理论和联结理论的整合性观点的重要意义。

现在，为了理解这些观点对临床治疗的意义，我们先来看一个案例。一对夫妻，梅丽莎和彼特，在家庭医生的建议下开始接受夫妻治疗。他们过去曾经是一对幸福、相处融洽的夫妻，但现在他们经常争吵，矛盾不断升级。在最近的一次争吵中，梅丽莎感到再也无法继续待在这段婚姻中了。大概在十个月前，他们失去了唯一的还在襁褓中的女儿费莉西蒂，死因是摇篮死亡（cot death）[1]。这对夫妻陷入了极度的悲痛之中，但似乎还能继续过日子。家人也给予他们很多支持，但是葬礼一结束，就没有人愿意再谈及这件事。

葬礼之后几个月过去了，一天梅丽莎在做早餐时不小心划伤了自己，起初血怎么也止不住，然后她一想到无法止住血，就感到很痛苦。

---

[1] 摇篮死亡，也称婴儿猝死综合征（简称 SIDS），指看似完全健康的婴儿突然意外死亡。大部分猝死发生在婴儿的睡眠期间。——译者注

一个人的时候，她会为自己做出这种蠢事自责，开始认为自己什么也做不好，怀疑自己工作的能力，怀疑自己是否能安全驾驶。对于再次怀孕，她会觉得或许上帝不想让她成为一个母亲。最初，彼特看起来似乎能哀悼失去孩子这件事，并回到了正常的生活状态。但同时，他也开始向哥哥抱怨梅丽莎对自己越来越挑剔。失去费莉西蒂的九个月之后，彼特的老板找他谈话，认为他缺乏创造性。彼特也逐渐觉得自己不再是公司需要的人——自己是个没用的员工。

这对夫妻只是偶尔提到费莉西蒂。梅丽莎立即会泪流满面，彼特也会发觉提费莉西蒂会让她更加痛苦，因此开始闭口不谈。朋友们也避免在他们面前谈论这件事。梅丽莎开始越来越多地指责彼特，即使彼特是因为工作不在家，她也会毫无由头地认为他不在家是因为失去了费莉西蒂。彼特为此感到很受伤，同时也很震惊。最终，他觉得自己在她的眼里做什么都不对。他无法理解为什么她会变得如此不可理喻，家庭、工作双重的压力最终导致彼特失去了工作。相继也引发了梅丽莎变本加厉的指责，把所有问题都归咎到彼特身上。他们两个人都没有表现出典型的临床抑郁症状，但他们的家庭医生注意到他们所经历的丧失，以及他们关系中自责和互相指责的特征，因此推荐他们进行夫妻治疗。

我们可以看到，这对夫妻失去女儿后呈现的一个忧郁型反应，即伴随丧失的自责，夫妻间不断升级的争吵以及指责另一方是罪魁祸首。双方都呈现了一个显著的特征——表现为分裂和投射的自我功能缺损。接下来让我们一边思考这个临床案例，一边来回顾一下精神分析中关于哀悼与忧郁的概念的发展。

精神分析理论关于哀悼和忧郁[1]的发展

精神分析对忧郁的动力学理解沿用了大量历史上记载的与丧失相关的痛苦反应，随着时间的推移，也出现了各种相关的术语（Jackson，1986）。其中，以沮丧（dejection）和自责（self-blame）的描述最普遍，忧郁反应中当事人会把自己视为丧失事件的核心。

对于丧失引发的忧郁，当自我（self）自恋性认同了曾经依恋的、现在已失去的客体时，个体常常会因为丧失客体的体验，而非现实中客体的死亡而感到极度痛苦（见第九章）。弗洛伊德在1917年的著作中强调爱人的死亡会带来巨大丧失，也提到"当丧失这一感受被一些事物，比如祖国、自由或是理想等所取代"，个体就能够进入哀悼过程（p.243）。这也包括一种关系的丧失，或者经历生命不同阶段的丧失，比如老年阶段（McGinley & Varchevker, 2010）。一个常见的与死亡无关但仍会有丧失体验的例子——年轻人和初恋分手。这是一个会把人狠狠推向忧郁、失去行动力，并挣扎着恢复的时刻。想想歌德的经典之作《少年维特的烦恼》（Goethe，1774）中维特的困境，维特在失去了他的所爱绿蒂后，陷入严重的忧郁之中，他发现绿蒂喜欢上另外一个人时，他问道：

> 难道非得如此：使人幸福的东西，反过来又会变成他痛苦的根源？对于生意盎然的大自然，我心里充满了温馨之情。这种感情曾给我倾注过无数的欢乐，使周围世界变成了我的伊甸园，可如今它却带给我如此难以忍受的痛苦，成了一个折磨人的精灵，无处不在将我追逐。（Goethe，1774）[2]

---

[1] "引言"部分解释了忧郁（melancholy）和抑郁（depression）的区别。——译者注
[2] 节选自韩耀成译本。——译者注

重要的是，维特的人格，像奥登（Auden，1971）所说，具有过多自恋和可能的不安全（依恋）特征，所以，面对不幸，他会如此脆弱。

弗洛伊德的贡献

我们可以在历史文献中找到忧郁和忧郁型反应的相关述评。然而，弗洛伊德（1917）在《哀悼与忧郁》一文中论述了忧郁，并将其与正常的哀悼过程作了比较，以理解前者所隐含的心理动力。他认为，与正常的哀悼相比，忧郁是一种情绪上持续的痛苦和悲伤，在一些极端的案例中（当无意识中潜伏的施虐冲动指向失去的爱的客体时）会存在自杀风险。与此相关的是，很多夫妻会表现出复杂性哀伤的症状，一方会（不切实际地）感到需要为孩子的死负责，在内部审判（严厉的超我）中做出一个裁决，认为自己不配继续活下去。

弗洛伊德写关于忧伤的文章的同时，正着手编写他的综合性著作（magnum opus）[1]——精神分析理论文集。其理论发展中，最初他提出地形学模型——关于无意识[2]、前意识和意识状态，之后他提出（一个更加被广为人知的）结构模型，以解释各种心理冲突和心理病理学机制。在结构模型的基础上，他提出本我（id）是反抗和冲动的本能仓库，自我协调着上述心理内容与现实，超我则是道德的基础（Schimmel，2014）。在忧郁中，他认为最后一个亚结构极度夸张地发挥着作用（如上文所提到的"内部审判"），它（超我）变成了一个代理机构（agency），取代了支持性、帮助性的角色，成为个体的驾驭者、支配者或者迫害者。弗洛伊德认为，它和自我形成了一个指责性的关系，令自我感到缺陷和卑劣，就像上述案例中彼特和梅丽莎两个

---

[1] 拉丁语"伟大的作品"，指《弗洛伊德文集》。——译者注
[2] 关于"unconsciousness"，本书均译为"无意识"。——译者注

人那样。

弗洛伊德的《哀悼与忧郁》一文收录在文集第五卷，文中重新定义了弗洛伊德的精神分析理论。在收录之前一篇文章《论自恋》（Freud，1916）中，他阐述了心理机制中认同的重要性，特别是自恋性认同在一些特定的心理病理学形式中的决定性作用。61岁的弗洛伊德是多产的，发表了很多文章，同时也在处理他自己的丧失，他亲密的同父异母的兄弟伊曼纽尔（Emanuel）死于1914年，弗洛伊德的父亲在61岁时去世。这个时期，弗洛伊德的三个儿子也都上了战场，他感觉自己被留在一个孤独和不确定的世界里（Gay，1995）。

弗洛伊德在1917年的文章中提到，对于哀悼者来说，核心体验是客体的丧失，而在忧郁中，由于自恋性认同，核心体验是一部分自我的丧失。自恋的夫妻在失去孩子后常常会觉得不可能继续当夫妻，因为之前是孩子定义了他们，而现在，伴随着孩子的丧失，这种定义感也不复存在。通常，这些夫妻会做出轻率的决定，匆忙地再次怀孕以摆脱精神上的痛苦。

弗洛伊德最初在《图腾与禁忌》一文中从文化的角度探讨哀悼（Freud，1913）。他强调，个体对亡者可能存在一些矛盾的感受，这可能使他们感到自己的灵魂邪恶而可怕。在《哀悼与忧郁》中，他描述了这些过程是如何在内部精神世界演绎的。他强调了自恋、（朝向丧失客体的）矛盾性、施虐等因素都会促使个体在面对丧失时转向忧郁反应。

弗洛伊德认为，具有忧郁型反应的病人的自责和指责，实际上是把对失去的所爱客体的谴责转移到了自我（self/ego）身上。弗洛伊德（1917）首次解释这些现象时也指出，自我会分裂，这些分裂出来的自我单元会投射到无意识认同的"他人"（other）上。萨夫夫妇（1991）提出，夫妻二元关系会提供一个完美的载体以维持这种分裂和认同。

以皮雄·里维埃（Pihon Rivière，2017）为代表的联结理论学家们也描述了这种由夫妻共构的"联结"，会通过投射和内射过程进行一种病理性的交换，相应地，这种联结抑或维持抑或干扰这些投射和内射过程。

弗洛伊德指出，自我通过分裂，一个坏的自我（自我的一部分）也变成了超我——一个原始的、更加残暴的超我版本——的受害者，他提到："客体的阴影落到了自我之上，从此后者会被一个特殊的心理机构——比如一个客体、被抛弃的客体——批判。"（p249）

奥格登（2009）写道：

> 阴影的比喻反映了个体认同被抛弃的客体后出现的忧郁性体验——一种单调、二维的体验，与充满活力、稳固的感受基调恰恰相反。对客体的认同伴随着忧郁，个体不再感受到丧失的痛苦，进而*否认与客体的分离*：客体即我，我即客体。丧失从未发生过；一个外部客体（被抛弃的客体）被一个内部客体（认同客体的自我）全能性地替代。（p131，斜体部分为作者补充）

在这样一个自恋的内在世界中，客体的丧失变成一种自我（self/ego）的（分裂出的）部分丧失，变成对失去的客体的不满。这也对应到弗洛伊德对病人的描述中提到的，对自己所有负面的感受，就像是他对失去的客体的感受一样。这一类似的情景也出现在少年维特的故事里，弗洛伊德称之为忧郁中的施虐性，强调"忧郁中伴随愉悦感的自我折磨，这一点毋庸置疑"（Freud，1917，p211）。或许只有彻底认识到这种施虐性，我们才能理解施虐（以及相关的受虐）是如何置换了因失去所爱的客体而引发的消极性，并会把个体推向自杀（亦见"引言"部分）。

当然，弗洛伊德提出的很多观点，包括哀伤和忧郁，都饱受质疑。对此，弗洛伊德在唯一的一段音频录音中提到：

> 我的执业生涯是以一个神经科医生的身份开始的，致力于缓解神经科病人的痛苦。在一位老朋友的影响之下，加上自己的努力，我发现了精神世界中一些新的重要的真相，关于无意识、本能的冲动作用等。基于这些发现，精神分析作为一门新的学科产生了，它是心理学的一部分，也是一种针对神经症的新的治疗方法。而我不得不为这一点点的幸运付出沉重的代价。人们不相信我的论述，厌恶我的理论。抵制不息……斗争不止。（Freud，1938）

然而，弗洛伊德对忧郁的理解经受了时间的检验，并且与后人对丧失和丧痛的研究结论相符，他对该主题的观点是我们宝贵的遗产。

亚伯拉罕对忧郁的观点

后来的精神分析理论学家们进一步扩展了弗洛伊德的观点，这些观点也令后人受益匪浅。亚伯拉罕（1915）就是这样一位理论学家。他和弗洛伊德身处同一时期，也探索着哀悼与忧郁这一主题。实际上，弗洛伊德的《哀悼与忧郁》一文深受亚伯拉罕的影响。当时，亚伯拉罕正在研究抑郁性精神病（depressive psychosis）。亚伯拉罕认为未完成的哀悼是抑郁性精神病的先决条件。亚伯拉罕和弗洛伊德在研究哀悼的正常形式和病理性变异形式时一致认为，正常的哀悼是个体面对丧失时自然且必需的心理反应，即使个体出现了一些偏离正态的生活态度，也不应当被视为一种疾病。

恰逢《哀悼与忧郁》发表之前，亚伯拉罕给弗洛伊德写了一封信，从中我们可以感受到他们彼此间的相互影响：

尽管我还不能确定忧郁者会把对爱的客体的谴责、诋毁都转移到自己身上，但我很清楚你所说的关于对爱的客体的认同。或许对你精简的描述，我还没有完全理解它。我所接触的，在我看来属于忧郁的病人，会表现出缺乏爱的能力，会拼命地试图去占有爱的客体。在我的经验中，他确实认同了所爱的客体，无法承受失去，对一丁点儿的不友好也会高度敏感。他常常让自己处于受虐性的自我惩罚中，被所爱之人折磨。对此，他谴责着的是自己，而不是所爱之人，因为无意识中他已经深深地伤害了那个人（全能观念）。这是我在分析中的推论。（p303）

因此，亚伯拉罕（1924a）与弗洛伊德的观点一致，都认为施虐与忧郁症的自我谴责存在关联性，情绪低落源于被压抑的、指向爱的客体的憎恨感。他认为，一些病因学因素是忧郁形成的基础。首先是发展期固着点的概念，相关理论为儿童的成长经历了五个性心理发展阶段（口欲期、肛欲期、性蕾期、潜伏期、生殖期）。他坚称，任何一个阶段的固着都不利于儿童心理向健康成人期发展。他把忧郁归因于口欲期的固着，尤其是口欲期的施虐阶段。其次，他认为对忧郁形成有重要影响的因素是早期关系中失望的经历，尤其是那些出现在前俄狄浦斯期，往后生活中也会出现的丧失。这也是为什么在夫妻治疗的评估和动力概念化时，我们会留心关注一些未处理的早期丧失的信息。

和弗洛伊德一样，亚伯拉罕认为自恋引发了经历丧失的个体的全能感，这是丧失之痛的原因和来源（个体认为是自己的毁灭冲动造成了爱的对象的死亡）。他发现，丧失之后，主体会感到内心有一种被失去的爱的客体折磨的需求，这实际上是忧郁的反应中自我惩罚需求的核心。亚伯拉罕（1924b）认为，这个过程是忧郁性自我惩罚的关键。由此，他提出忧郁型反应主要源于两个因素，一个是对恨的客体的认同，另一个是认为自己是带给爱的对象痛苦的罪魁祸首。

弗洛伊德后期的观点，如他在元心理（meta-psychology）中所提到的观点（Freud，1922），也为后来的理论学家们发展人类行为的概念奠定了基础，比如将人类行为的动力解释为对依恋或关系的需要。这些观点帮助后人进一步理解了个体会在早期依恋和幻想的基础上内化与他人的关系模板。该理论的扩展成为我们所熟知的客体关系理论。克莱因（1945）在发展该理论时，保留了弗洛伊德本能理论的痕迹，同时，代表"英国独立学派"的费尔贝恩（1952）也发展了该理论，他避开了整合本能理论的需要，认为对关系的需求才是人类行为的基本动力。

克莱因对哀悼的贡献

克莱因说，关系之所以重要，是因为它是人类的核心动力，也是人类心理生活的核心组织者。借助她的理论，我们能够更深入地理解哀悼的过程。她根据自己的临床经验提出，人类的心理世界存在一个普适性的发展轨迹和结构。婴儿最初处在一个非整合的状态中，然后朝着整合的状态发展，这个过程是痛苦的。（婴儿）最初将一个对象／客体（他人）视为自己的一部分，然后再慢慢地与之分离。温尼科特（Winnicott）进一步为我们提供一个重要的视角，帮助我们理解个体在这个过程中如何从与客体关联转变到使用这个客体。他认为，从某种意义上来说，使用客体意味着对现实客体的摧毁（Ogden，2016）。

克莱因认为，个体的心理发展是动力的、非线性的，其重要路标是心理位态或者心理体验模式，在应激之下，即便是整合的、健康的个体也会暂时出现退行。她提出，个体发展的第一个体验模式是偏执-

分裂位态。她认为，为了应对心理发展相关的挫折，特别是那些与原初依恋客体（通常是母亲）有关的挫折，婴儿需要把它的客体分裂成两个心理表征：一个好的，一个坏的。它们会变成内化的客体，被视为对外部客体（母亲）的认同。这样说来，我们可以看到，在构建这些表征的过程中，现实母亲的品质该有多么重要。这里，克莱因重申了弗洛伊德在《哀悼与忧郁》一文中的观点，客体分裂的同时，自我（自体）也在分裂。克莱因认为，这个结论就是自体分裂伴随着客体分裂。这也是客体关系理论的基本观点。

客体分裂这一概念最初由弗洛伊德略加提及，克莱因再将其加以扩展，由此，我们得以更加全面地理解正常哀悼过程中存在的一些挑战。克莱因强调，为了在心理发展中进入下一个重要的位态——抑郁位态，分裂自我和客体是必要的，但最终两者需要再次被整合，也就是好的和坏的表征需要结合到一起。克莱因认为，这是一个痛苦的心理过程，在这个过程中，个体认识到爱的客体和恨的客体是同一个人。这一发展阶段（抑郁位态）的结局之一是焦虑，因为担心内心对爱的对象的恨（施虐冲动）必定会摧毁它。对于这一点，她写道：

> 婴儿在断奶之前、断奶期间和断奶之后这三个阶段，都会经历逐渐达到顶峰的抑郁状态。这时婴儿的心理状态——我称它为"抑郁位态"——也是一种萌芽状态（statu nascendi）中的忧郁体验。在婴儿的心中，被哀悼的客体正是母亲的乳房以及乳房和乳汁所代表的一切：爱、美好和安全。对婴儿来说，所有这些都将失去，而始作俑者就是自己，自己失控的贪婪，自己对母亲的乳房摧毁性的幻想和冲动。接下来即将发生的丧失（这时指的是失去双亲）出现在俄狄浦斯阶段，这个时刻来得如此突然、始料未及，（孩子们）还未从失去乳房的沮丧中恢复，在最初的时刻还在被口欲的冲动和恐

惧所占据。(孩子们)在幻想中一边攻击所爱的对象(爱的客体),
一边担心失去它,这种循环会在和兄弟姐妹的矛盾关系中延伸。攻
击幻想的兄弟姐妹,攻击还在母亲的身体里的他们,同样也会带给
(孩子们)内疚和丧失的感受。(Klein,1940,p125)

克莱因认为,伴随这个痛苦的过程,心理世界会生成一个模板以
进行正常的哀悼。如果现实照料者能够给予孩子一个充满爱的关系,
孩子就更有可能成功应对这个过程(整合分裂的自我和客体),稳固
与坏客体关联的好客体,即稳固心理环境中的爱以容纳恨。这一点对
夫妻的性关系有着重要的影响,如果这个容器不够理想,双方会在性
关系上感到缺乏激情,出现迫害甚至惊恐感(Kernberg,1998)。因此,
在经历丧失事件后,如果夫妻呈现出未完成的哀伤特征,他们的性关
系通常是糟糕的,甚至进入无性的状态(这一点也是重要的评估项)。

克莱因提出,如果好客体弱到无法完成整合,就会转向一种全能
的(自恋的)控制,以试图保持好客体和坏客体的分离。如果个体成
功整合两者,克服这种抑郁性焦虑,则会放弃这种自恋,进一步完成
分离和个体化以成功应对丧失,这是心理发展的重要里程碑。对个体
来说,自己能够更好地应对丧失是因为失去他人并没有引发失去部分
自我的感觉。用躁性的方式应对丧失,可能会涉及与性相关的见诸行
动,这也是丧失后忧郁型反应的重要行为特征。这种躁性尝试通常是
应对丧失的重要指征,需要在对夫妻,尤其是呈现未处理丧失特征的
夫妻评估中仔细检查。

克莱因认为,个体是完成正常的哀悼过程,还是出现忧郁型反应,
取决于心理世界内化的模板,最后她也提供了一个更加有说服力的说
明,解释了该内化模板的形成机制。当夫妻无法承受抑郁性焦虑时,
会退行到偏执 - 分裂位态,无法接受自我的某部分,也无法接受对方

的某部分，这些部分会让个体出现被迫害感，通常情况下，个体会把这些感觉投射到伴侣身上，导致关系中无尽的指责和憎恨。

这种动力和心理功能的相关退行也影响着表达痛苦体验的能力。一对退行的夫妻常常会表现出一种退行式的思考，只能思考非常具体的问题。如西格尔（Segal，1957）写道：

> 即便个体成功进入这一（抑郁）阶段，它也不是不可反转的。如果焦虑过于强烈，处于任一发展阶段的个体都可能退行到偏执－分裂位态，转向投射性认同以防御焦虑。之后，那些成功获得的，比如在升华中发挥作用的象征性符号（symbol），就会转为具体的象征性等价物。这主要是因为在大量投射性认同中，自我变得再次与客体相混淆，符号变得与它所象征的具体等价物相混淆，最终变成了等价物。（P.394）

费尔贝恩关于丧失的理论观点

费尔贝恩（1941）作为另一位著名的客体关系学家，提出了类似的关于心理发展和丧失的精彩论述。在他提出的客体关系模型中，他将人类关系而非本能视为核心动力。他写道：

> 现在似乎到时候了，在发展的进程中，经典的力比多理论将不得不转为一种基于客体关系的发展性理论……（他继续写道）…… 目前力比多的主要局限性是作为一个解释体系，它将众多现象都归结到力比多，结果不过是调节自我的客体关系的技巧罢了。（Fairbairn，1941，p253）

费尔贝恩（1944，1952）的心理发展和功能模型使用了克莱因提出的一些术语，但同时，他也提出发展是以婴儿般的依赖为初始状态，然后朝着成熟的依赖（他称为"相互依赖的能力"）发展。他认为，这些阶段的划分基于个体认同他人的水平。成熟的依赖状态（他指的是相互依赖状态）也隐含着心理上与他人（客体）分离和个体化的概念。

费尔贝恩的图式呈现了个体从初始到成熟依赖的发展过程，相应地，心理成熟的过程包含了逐渐"放弃基于原始认同的关系，以便建立与不同客体的关系"（1952，p42）。他认为，这个过程需要自体与客体的逐步分化。在发展的早期阶段，自体需要与客体分裂以应对发展中的挫折，这一点和克莱因是类似的。他在《内部心理模型》（*Endopsychic Model*）一书中描述了这种分裂（Fairbairn，1944）。萨夫夫妇（1991）将这一模型应用到夫妻治疗上，为理解双元关系中分裂和投射的现象提供了一个有效的视角，帮助人们理解失败的哀悼，并应对处理丧失的夫妻出现的忧郁性表现。

通过精读费尔贝恩的文章，奥格登（2010）提出一些观点，帮助人们理解夫妻失败的哀悼以及夫妻双元关系中的表现。比如他写道：

> ……婴儿内化着与冷漠的母亲（*拒绝性客体*）之间缺爱的关系，并且一直努力把它变成爱的关系，从未停止过——以此扭转他自己对母亲（想象的）"有毒的爱"——这是最重要的维持内部客体世界结构的动力……（并且）……为了所爱的人攻击自己，比如自毁，这种观念反映了个体留存了一丝洞察力，从而产生自我憎恨和羞耻感，并且从未停止，却又徒劳地试图将自己 [或者拒绝性客体（*费尔贝恩提出的术语，用以代表坏客体的心理表征*）] 变成不同的人。（p101,斜体部分为作者补充）

费尔贝恩提出的"成熟的依赖状态"指个体能够意识到关系中的分离，并与亲密和相互依赖共存。这种分离意识建立在将他人作为独立个体存在的观念之上。关系中的双方，既相互关联又彼此独立，在这样的认知下，个体发展出责任感与自主性。因此，根据费尔贝恩的观点我们可以看到，面对丧失，那些心理（与丧失的对象）原始认同的个体必然会出现忧郁的反应。

客体关系理论以及比昂（如1962，1963）发展的后克莱因理论，进一步推进了一个更加主体间性观点的形成（也可参考第六章）。

比昂和丧失

对于心理（psyche）[思想（mind）]的发展，比昂提出的主体间性观点进一步强调，个体思想的发展需要另一个思想的帮助。他特别强调，能够发挥功能的思想是一种能够容纳艰难体验（他称之为"beta-元素"）的思想。他强调了这一过程中"投射性认同"（该术语由克莱因首创）机制的重要性。比昂（1963）提出，这个机制还有更广泛的含义，它不仅是一种防御机制，对那些心理发展处在前个体化阶段的个体来说，他们仍将他人视为自体的一部分，所以"投射性认同"也是一种交流方式。

另外，比昂意识到一些经历[事实（truths）]，比如在发展的早期阶段分离是不可承受的，那么个体会运用一些机制，比如"连接的攻击"（attacks of linking）对抗那些引起知晓（knowing）的观念（他称为"K-连接"）。值得注意的是，与联结理论不同，比昂以一种特别的方式使用"link"[1]这个概念。当个体运用的心理策略涉及"缺乏思考"（not thinking）时，他将其称为-K，这是一种会引发被迫害感的心理状态，一种"无名的恐惧"。从这个视角我们可以看到，未完成个体化

---

[1] 比昂著作里多译为"连接"，"link theory"在本书中译为"联结理论"，译者认为"联结"一词更符合关系的意境，两个独立的主体关联共同建立一段积极的关系。——译者注

的夫妻仍然依赖于投射性认同，无法思考丧失客体这件事，因为他们觉得它是不可承受的。

　　比昂提出的关于心理发展的观点可以帮助我们进一步理解是什么促进了心理环境的形成，什么导致不可承受的心理痛苦。比昂认为，忧郁源于个体与客体分离的时刻，这个过程伴随着不可承受的痛苦，需要动用全能的心理机制应对。本书将在第六章进一步阐述比昂关于丧失和忧郁的观点。奥格登（2004）进一步拓展了精神分析主体间性的观点，论述了如何从心理发展的早期阶段更深入地理解丧失。

奥格登对早期心理状态和丧失的观点

　　心理发展是个体与客体分离形成自我意识的过程。对于这个过程，奥格登增加了一个阶段，他称作"体验的自闭 - 毗连位态"（autistic-contiguous mode）（Ogden，1989）。处于这个阶段的夫妻面对丧失时，会出现更原始的退行和焦虑反应，被视为"焦虑型忧郁反应"（anxious melancholic reaction）。

　　这里，处于丧失危机阶段的个体退行到这个发展的初始阶段，其基本的自我意识很大程度上依赖于（失去的）他人。在一个非常特殊的意义上，他人被视为自我的一部分。此时，他人也提供了一种感官边界，一种心理皮肤，以维持自体和他人之间的界限，否则这一界限就不会存在。在这个心理发展的初始阶段，为了避免灾难性的焦虑体验，与他人的关系显得格外重要。对这种类型的个体来说，失去他人，就像失去奥格登所称的"自闭性客体"，个体体验到的是一种更原始的焦虑（亦见第四章）。

　　这种丧失会使个体情感上感到被撕裂，害怕内在溢出而陷入虚无，即一种惊恐体验。对于心理功能处于这一水平的夫妻来说，失去孩子会使焦虑沉积为惊恐，极端情况下他们的日常功能会受损，比如无法出门；或者出现强迫行为，比如沉迷于网络色情。这种情况下，这些行为的意义在于试图恢复自体感／自我意识。通常，夫妻中一方会表现出行为问题而被推荐接受心理治疗，但重要的夫妻动力（以及伴侣之间隐藏的问题却未得到治疗）。

鲍比和依恋理论

鲍比关于丧失的观点摆脱了传统的客体关系理论，他建立的理论基于一个基本概念，即关系的内化模板，他称为"内部工作模型"（Internal Working Models）（Bowlby，1969）。

起初，鲍比在精神分析界被视为另类，然而他的理论和文章组成了令人印象深刻并被广泛引用的关于依恋、分离和丧失的三部曲（Bowlby，1969，1973，1980）。他认为，丧失反应类似于创伤所致的分离反应。在伦敦塔维斯托克和詹姆斯·罗伯森（James Robertson）的合作中（Bowlby & Robertson，1952），他研究了儿童与父母分离时的反应。鲍比（1969）指出，一个重要依恋关系的丧失会导致个体持续寻找失去的对象，直到最终接受丧失的事实。在讨论四种主要的丧失反应时，鲍比（1963）写道：

> 在哀悼的所有病理性亚型中，存在一种动力，即无意识中渴望重获失去之人，这种动力或浮现或潜伏，压抑越深，见之越难。而目前学术界似乎对这一点关注甚少，我的论文则着重考察这种动力作用。（p500）

对于正常哀悼和忧郁型哀悼两者的区别，鲍比的观察与弗洛伊德的密切相关。比如，鲍比写道（1963）：

……除了对已故伴侣执拗的想法、感受和行为之外，还涉及两个主要表现：第一个是哭泣，第二个是攻击性想法和行为。似乎两者都能令客体失而复得。事实上，当只是短暂失去客体的时候，这类反应是有用的，这在很大程度上解释了那些丧失的常见初始反应。然而，当人们发现丧失是永久的，这些反应就没用了；因此，在适当的时候，它们可能会减少和消失。在健康的哀悼中，这类反应也会出现，然后第二个、第三个阶段也会相继出现：绝望、崩溃，之后取而代之的是重新振作和希望。相反（或者常见的情况），在病理性哀悼中，这类反应持续存在，尽管有时以一些变相的形式出现。悲痛的人们持续深陷在对已故之人的思念之中，失去行动力，认为爱的人还可以失而复得，但也会为之悲泣，并常常会表现出对朋友和对自己的不满、易怒。（p504）

鲍比的依恋理论包含一个概念——内部工作模型（类似于客体关系），这为人们理解关系提供了一个模板，希尔等人（Shear et al., 2007）写道：

依恋理论基于两个基本原则：（1）一段功能良好的依恋关系为个体提供了一个安全基地，以便个体建立良好的自主性，保证目标达成，在应激情境下也能为个体提供支持和安抚；（2）依恋关系被内化到工作模型中，纳入了很多安全基地的功能。依恋对象作为一个可以信赖的人，让我们渴望亲近，拒绝分离，获得依靠以应对痛苦，获得支持和勇气以探索世界，能够参与有意义的活动，努力应对新的挑战。当失去这样一个人时，个体会极度崩溃——这是易识别的急性哀伤（acute grief）表现。面对急性哀伤，需要从现实和心理两方面调整以应对丧失所导致的巨大影响。（p459）

当这些应对方式受阻，未完成的哀伤状态就会出现。关于这一点，鲍比的依恋理论着重强调，在自我安全感建立（内部模板形成）的过程中，母亲／主要抚养人的角色起着决定性作用，决定了个体未来应对丧失的反应。鲍比认为，成人的四种依恋类型包括安全型、焦虑型、拒绝型和未解决型，这是他原创的观点，为和夫妻一起工作的临床工作者提供了一个有效的"罗盘"，以此测评可能出现丧失反应的夫妻的基本"心理地形"（Clulow，2001）。每一种依恋类型都涉及对自我和他人或积极或消极的态度，需要关注的是，未解决型（对自己和他人的看法消极）是一种不安全的依恋类型，源于创伤和／或未处理的丧失。这种依恋类型可以预测个体经历丧失事件后的适应不良。夫妻依恋类型的评估是有效理解可能出现的丧失反应的第一步，以深度理解夫妻和"夫妻联结"性质中独特的客体关系。

1972年，科林·帕克斯（Colin Parkes），一位有志于研究哀悼和忧伤的研究者，在塔维斯托克中心加入了鲍比的研究。帕克斯启动了一项对一组非临床的丧偶群体的研究，即到他们的家里观察并绘制成人哀伤（grief）过程图，当时人们对此知之甚少。他们（Bowlby & Parkes，1970）合写了一篇文章，将罗伯逊（Robertson）描绘的幼儿分离反应过程扩展为成人哀伤过程的四个阶段——麻木，哭喊和抗议，失整合和绝望，以及再组织（也见于Parkes，1972）。帕克斯（Parkes，1972）、帕克斯和韦斯（Parkes & Weiss，1983），以及库布勒-罗斯（Kubler-Ross，1970）在鲍比依恋理论的基础上建立了哀伤的阶段模型。帕克斯应用的方法还考虑了病人个人史、与已故之人的特殊关系等因素。

关于丧失的后现代观点

相比于客体丧失导致的依恋丧失以及哀伤阶段等方面的内容，后现代理论学家（比如 Neimeyer，2002，2008）着重关注丧失之后个体如何恢复关于世界的意义感。

研究表明，个体丧失重要的依恋客体之后，无法再发现意义感，尤其是无法弄明白丧失这件事，这种状态涉及持续哀伤障碍。在无意识层面，这更像是自我意识与丧失的客体关联在一起的问题。在这种情况下，个体很可能花很长时间试图理解丧失，结果（至少在无意识层面）演变成某种自我丧失。研究表明，这类反应常见于突发意外所致的丧失事件，比如失去孩子等（Rogers，Floyd，Seltzer，Greenberg，& Hong，2008）。

对于丧失问题，通过建构意义感，不仅能够帮助个体理解丧失，也能够帮助个体以某种方式从丧失中获益。然而意义建构和获益是两个不同的过程，代表了两个不同的心理议题。前者涉及的获益指对丧失事件的关注减少，后者涉及的获益会伴随时间推移而逐渐增加（Daivs，Nolen-Hoeksema，& Larson，1998）。

现代后克莱因学派的贡献

对忧郁型反应的理解，新近的现代精神分析成果中需要提到的是阿尔瓦雷斯（Alvarez，2010）的研究，她确认了一系列概念的永久价值，从弗洛伊德到亚伯拉罕，尤其是克莱因提出的概念，这些概念加深了我们对忧郁的理解，包括：（1）心理的偏执状态，分裂的部分自我成为迫害（自责）的源头；（2）自恋和对被贬低对象躁性的轻蔑（它们共同促成对自我的蔑视）；（3）反常的抱怨（涉及忧郁的施受虐问题）以及早期发展中认同、内化好客体以发展哀悼的能力。她提出，对最后一点的解释多是克莱因的功劳。约瑟夫（Joseph，1982）提出，抱怨是一种痛苦的呻吟，它会滋长痛苦，导致变态的性满足。如阿尔瓦雷斯提到的，这一观点涉及弗洛伊德和亚伯拉罕提出的伴随自我责备所产生的反常的愉悦感。

阿尔瓦雷斯（Alvarez，2010）也认为，一些应对丧失的反应，尤其是儿童，对失去的对象不是贬低（devalued），而是去价值（unvalued）[1]。她提到在一些案例中，个体认为外部客体是柔弱不堪的，需要保护其免于攻击，在忧郁型反应中，这一攻击转向自己。她以酒精依赖和抑郁病人为例，解释了这些人之所以外在没有明显的施虐性，是因为脆弱的外部客体也发展了脆弱的内部客体。这也明确提示，治疗这些问题时需要去解开这种双重症结（double knot）。

这些丰富的精神分析观点凸显了客体关系理论对忧郁问题的研究价值，强调了内部和外部客体之间的关系，阐述了外部客体的丧失是如何引发内部客体的丧失感并引发焦虑的。

借助这些精神分析观点，我们现在可以开始思考如何对经历丧失事件的夫妻进行干预。对此，第一步是进行评估和形成心理动力设想，包括：评估夫妻功能水平，特别是分离个体化的水平；评估夫妻进行心理动力干预的合适性，特别是有特定焦点性的简要干预。后续章节也会进一步提到如何应用理论处理临床上与丧失相关的疑难问题。

即便人们对弗洛伊德基本的心理动力设想以及涉及哀伤阶段的概念有一些批判性的态度（Clewell，2004；Parkes，1972），和阿尔瓦雷斯一样，我们还是需要认可精神分析理论下的丧失模型涵盖面之广泛、价值之持久。这一模型显示，面对哀伤，根本性的愈合需要从内部修复丧失的客体，恢复一段关系以重获活下去的理由。这一点会像后续章节里所看到的那样，成为我们的治疗任务。

近几年，特别是通过与南美和欧洲的同事们的国际性合作（国际

---

[1]　认为对方不重要。——译者注

精神分析协会夫妻与家庭精神分析委员会、国际夫妻和家庭精神分析协会等组织），我们开始重视联结理论，它帮助我们更深刻地理解了文化和代际（特别是未处理的创伤）对处在未处理丧失中的夫妻和家庭的影响。

联结理论主要来自皮雄·里维埃（Pichon Rivière，2017）的著作，通过大卫·萨夫和南美的同事们（Losso，de-Setton，& Scharff，2017）的学术研究，该理论得以在英语环境下的夫妻治疗师群体中推广，也使该理论和其起源具有里程碑意义。尽管这是一个新兴的领域，但我们赞同联结理论和客体关系理论的整合，因为这一整合极大程度上拓宽了夫妻和家庭精神分析治疗工作。相应地，下一章将简要介绍联结理论，阐述如何理解夫妻和家庭精神分析治疗中的人际维度[1]。

参考文献

Abraham, K. (1915). Letter from Karl Abraham to Sigmund Freud, March 31, 1915. In: *The Complete Correspondence of Sigmund Freud and Karl Abraham 1907-1925*（pp. 303-306). Classic Books.

Abraham, K. (1924a). A short study of the development of the libido. Part I.Manic depressive states and the pre-genital level of the libido. II. The process of introjection in melancholia: Two stages of the oral phase of the libido. In: *Selected Papers on Psychoanalysis: Selected Papers of Karl Abraham M.D.* (pp. 442-452).London: Karnac,1988.

Abraham, K. (1924b). A short study of the development of the libido.Part I. Manic depressive states and the pre-genital level of the libido. IV.Notes on the psychogenesis of melancholia. In: *Selected Papers on Psychoanalysis: Selected Papers of Karl Abraham M.D.* (pp. 453-463). London: Karnac, 1988.

Alvarez,A. (2010).Melancholia and mourning in childhood and adolescence: Some

---

[1] 这里的人际维度指双人之间（interpersonal）和多人之间（transpersonal）的人际维度。——译者注

reflections on the role of the internal object.In: E. McGinley & A. Varchevker (Eds.), *Enduring Loss: Mourning, Depression and Narcissism Throughout the Lifecycle* (pp. 3-18). London:Karnac.

Auden, W. H. (1971).Foreword. In: E. Mayer & L. Bogan (Ed. & Trans.),*The Sorrows of Young Werther: And Novella. London: Random House*, 1971.

Bion,W. R. (1962). *Learning from Experience*. New York: Basic Books.

Bion, W. R. (1963). *Elements of Psycho-Analysis*. London: Heinemann.

Bowlby, J. (1963). Pathological mourning and childhood mourning. *Journal of the American Psychoanalytical Association*, 11: 500-541.

Bowlby, J. (1969). *Attachment and Loss, Vol. I: Attachment*. New York: Basic Books.

Bowlby, J. (1973). *Attachment and Loss, Vol. 2: Separation*. New York: Basic Books.

Bowlby, J. (1980). *Attachment and Loss, Vol. 3: Loss, Sadness and Depression*. New York: Basic Books.

Bowlby, J., & Parkes, C. M.(1970). Separation and loss within the family. In: E. J. Anthony & C.Koupernik(Eds.),*The Child in his Family: International Yearbook of Child Psychiatry and Allied Professions* (pp. 197-216). New York:Wiley.

Bowlby, J., & Robertson, J. (1952). A two-year-old goes to hospital. *Proceedings of the Royal Society of Medicine*,46:425-427.

Boylan,R.D.(2002). *The Sorrows of Young Werther (Dover Thrift Editions)*. UK: Dover Publications,1902.

Clewell, T. (2004). Mourning beyond melancholia: Freud's psychoanalysis of loss. *Journal of the American Psychoanalytical Association*, 52: 42-67.

Clulow, C. (2001). *Adult Attachment and Couple Psychotherapy: The 'Secure Base' in Practice and Research*. London: Routledge.

Davis,C. G.,Nolen-Hoeksema,S.,& Larson, J. (1998). Making sense of loss and benefiting from the experience: Two construals of meaning. *Journal of Personality and Social Psychology*, 75(2): 561-574.

Fairbairn, W. R. D. (1941). A revised psychopathology of the psychoses and psychoneuroses. *International Journal of Psycho-Analysis*, 22: 250-279.

Fairbairn, W. R. D. (1944). Endopsychic structure considered in terms of object-relationships. *International Journal of Psycho-Analysis*, 25: 70-92.

Fairbairn, W. R. D. (1952). *Psychoanalytic Studies of the Personality*. London: Routledge and Kegan Paul,1981.

Freud, S. (1913). Totem and Taboo. *S.E.*, 13: 1-161.

Freud, S.(1916).On Narcissism. *S.E.*,14:305-308.

Freud, S. (1917). Mourning and Melancholia. *S.E.*, 14: 239-258.

Freud, S. (1922). *Beyond the Pleasure Principle*, J. Strachey (Ed.). New York:Norton & Co.,1961.

Freud,S.(1938). Audio recording. London: British Broadcasting Commission (BBC).

Gay,P. (1995). *Freud: A Life for Our Time*. London: Papermac.

Goethe,J.W. von (1774). *The Sorrows of Young Werther*.

Jackson, S. W. (1986). *Melancholia and Depression: From Hippocratic Times to Modern Times*. New Haven,CT:Yale University Press.

Joseph, B. (1982). Addiction to near-death. *International Journal of Psycho-Analysis*, 63:449-456.

Kernberg, O. (1998). *Love Relations: Normality and Pathology*. New Haven, CT: Yale University Press.

Klein, M. (1940). Mourning and its relation to manic-depressive states. *International Journal of Psycho-Analysis*, 21: 125-153.

Klein, M. (1945). *Love, Guilt and Reparation*. London: The Hogarth Press.

Kubler-Ross, E. (1970). *On Death and Dying*. London: Tavistock.

Losso, R.,de Setton, L. S.,& Scharff, D. (2017). *The Linked Self in Psychoanalysis: The Pioneering Work of Enrique Pichon Rivière*. London: Karnac.

McGinley, E.,& Varchevker, A. (2010). *Enduring Loss: Mourning, Depression and Narcissism Throughout the Lifecycle*. London: Karnac.

Neimeyer,R. A. (2002). Traumatic loss and the reconstruction of meaning. *Journal of Palliative Medicine*, 5(6): 935-942.

Neimeyer, R. A. (2008). Prolonged grief disorder. In: C. Bryant & D. Peck (Eds.), *Encyclopedia of Death and the Human Experience*. Thousand Oaks,CA:Sage.

Ogden, T. H. (1989). On the concept of the autistic-contiguous position. *International Journal of Psychoanalysis*,70:127-141.

Ogden, T.H.(2004).The analytic third:implications for psychoanalytic theory and technique. *Psychoanalytic Quarterly*, 73(1): 167-195.

Ogden, T. (2009). A new reading of the origins of object relations theory. In:L. G. Fiorini,T. Bokanowski & S. Lewkowicz (Eds.), *On Freud's "Mourning and Melancholia"*. London:Routledge.

Ogden, T. H. (2010). Why read Fairbairn? *International Journal of Psycho-*

Analysis, 91:101-118.

Ogden, T. H. (2016). Psychoanalytic theory and technique destruction reconceived:On Winnicott's 'The Use of an Object and Relating through Identifications'. *International Journal of Psychoanalysis*, 97(5): 1243-1262.

Parkes, C. (1972). *Bereavement: Studies of Grief in Adult Life*. London: Tavistock.

Parkes, C. M., & Weiss, R. S.(1983). *Recovery from Bereavement*. New York: Basic Books.

Pichon Rivière, E. (2017). The theory of the link. In: R. Losso,L. S. de Setton,& D. Scharff(Eds.), *The Linked Self in Psychoanalysis: The Pioneering Work of Enrique Pichon Rivière* (Chapter 5). London: Karnac.

Rogers, C. H.,Floyd,F. J.,Seltzer, M. M., Greenberg, J. S., & Hong, J. (2008). Long term effects of the death of a child on parents adjustment in midlife. *Journal of Family Psychology*,22:203-211.

Scharff, D., & Scharff, J. S. (1991). *Object Relations Couple Therapy*. London: Jason Aronson.

Schimmel, P. (2014). *Sigmund Freud's Discovery of Psychoanalysis: Conquistador and Thinker*. London & New York:Routledge.

Segal, H. (1957). Notes on symbol formation. *International Journal of Psychoanalysis*, 38:391-405.

Shear, K.,Monk, T., Houck,P.,Medhem,N.,Frank,E., Reynolds, C.,& Sillowash,R. (2007). An attachment based model of complicated grief including the role of avoidance. *European Archives of Psychiatry and Clinical Neuroscience*, 257(8): 453-461.

Winnicott, D. W. (1969). The use of an object. *International Journal of Psychoanalysis*, 50:711-716.

第二章
联结理论和客体关系理论：
一种适用于忧郁症夫妻的强化技术

伊丽莎白·帕拉西奥斯

概论

以往精神分析理论一直是从自体客体关系（内部联结）的角度理解夫妻关系，认为关系的动力是驱力[1]或依恋需求。现代治疗技术主张，不仅可以从内部联结或客体关系的角度，还可以从外部联结的角度去理解两个主体之间的关系。因为在主体间的世界里，即使有投射-内摄机制的作用，他人[2]的存在也不是附属的，更无法完全被忽略。他人被视为一个强置（imposition）的客体（Berenstein & Puget, 2004），迫使另一个自我不得不应对其存在性。联结理论（el vínculo）尝试从另一种视角解释并进一步阐明夫妻和家庭精神分析理论。本章试图解释这些理论观点如何帮助我们理解人际关系。

夫妻精神分析

夫妻精神分析帮助人们从理论上思考如何解决个体之间相处的问题。夫妻精神分析的评估和治疗阶段的主要任务是理解夫妻双方创造

---

[1]　弗洛伊德用德语 Trieb 一词，英文译为 drive 或 instinct，亦译为"本能"。——译者注
[2]　本书中"other"除了在拉康理论中译为"他者"，与"主体"相对应，其余均译为"他人/另一个人"。——译者注

的联结类型，他们的心理病理以及如何发生心理改变。夫妻和家庭治疗整合了联结理论之后，我们获得了一些新的视角去思考夫妻之间的问题。然而，我们需要更深入理解这些现代理论概念，使理论更充实，治疗技术更具操作性。

在本章中我们也会看到，这些不同的理论模型不仅提供了对夫妻关系的动力和联结的不同理解方式，也能够互为补充。

狄克斯（Dicks，1967）、平卡斯和戴尔（Pincus & Dare，1978）、萨夫夫妇（Scharff & Scharff，1987）、鲁什奇恩斯基（Ruszczynski，1993）等夫妻和家庭治疗师受到克莱因、罗森菲尔德（Rosenfeld）和后克莱因学家们的影响，提出了一个独特的观点，以解释个体选择伴侣时如何受到无意识的影响。继法国的"主体"和主体性的概念之后，另一批以阿根廷治疗师为主的作者们在他们的临床工作和文章中（Berenstein, 2001a,b, 2004, 2007; Pichon Rivière, 1985; Berenstein & Puget,1997）也应用了"联结"。

如第一章所述，"客体关系"的概念萌芽于弗洛伊德关于认同的著作，在他所著的关于元心理的文章《哀悼与忧郁》（Freud，1917）中被进一步扩展。其中的一些内容涉及1914年发表的《论自恋》中的观点。他比较了忧郁和哀悼的过程。个体进行哀悼时，内心需要接纳与之分离的客体的丧失，这是心理的必修课。因此，哀悼是一种应对丧失的反应，当生活中个体失去爱人或者一些抽象的事物（祖国、自由、理想或其他），这些事件会激活个体的心理反应，使之意识到客体的缺场或丧失。这种情况下，个体具有识别现实的能力。但是，他们最初仍会逃离现实，无法去爱，而进入全面抑制的状态。哀悼之下，个体承受着睹物思人的痛苦，随着时间的推移，自我不断处理这些丧失，直到最终发现旧客体能够以一种内化的形式延续保存，并被新客体代替。忧郁则包含着更多不确定性。失去客体的现实是被否定的，因为它也涉及一种自我的丧失。如弗洛伊德所指出的："……哀悼之下是这个世界变得贫乏空洞了，忧郁之下却是自我本身……"（p246）

忧郁状态下，力比多撤回到自我里，认同失去的、同时也是又爱又恨的客体。也就是说，自我与客体之间存在一种矛盾的关系，既失去又存在。这种情况涉及一个事实——自体客体的选择具有自恋性质。

精神分析从弗洛伊德的驱力理论拓展到客体关系理论，进一步探索着心理功能。亚伯拉罕在他的文章《力比多发展的短期研究：从心理障碍的视角》中提到"客体关系"的概念，克莱因将其概念化，赋予实际的意义。

第一章中提到，梅兰妮·克莱因关于丧失的文章和观点为精神分析作出巨大贡献。丧失反应开始成为临床观察的焦点，为思考这种心理及其机制开创了一种新的方式。克莱因强调了早期内摄过程的重要性，这是忧郁症的基础，强调了自我结构和婴儿内心客体整合性的重要性。她在《躁郁状态心理发生与发展的讨论》中提出："……直到客体被作为一个整体去爱，丧失才能够作为一个整体被感知。"（1935，p264）

克莱因认为，无意识的幻想决定了个体如何应对分离和丧失，因为它直接影响了自体-客体关系的内摄。伴随着偏执-分裂位态，自我从幻想的混乱中发展出来，挣扎于攻击和毁灭之间。然后，如果进展顺利，伴随进入抑郁位态，自我获得爱与分离的力量（Klein，1940，1946）。

克莱因学派认为，所有心理活动都继发于这些无意识幻想，涉及与客体关系相关的体验，即内部客体的存在意味着个体会以个人化的方式内化对外部客体的体验。无意识幻想建立了一个逻辑结构，对经验进行组织编码。如上所述，编码后的内部世界从偏执进入抑郁位态。冲突能够帮助我们理解内部客体的状态及其整合或失整合的趋势。这一内部客体是心理现实的基础。对外部世界的诠释总是源于这一内部结构，自我与外部客体的关系类型也取决于此。

生命的意义源于这一内部世界。每个主体心中都拥有着一个包含着不同角色、不同性格的内部家庭，他们从内部客体关系的角度理解着外部世界的体验。当个体发展到抑郁位态后，能够意识到客体的独立性，意识到客体作为外部世界的一部分独立存在。不过，这些客体随即会处于被丢失或被摧毁的风险中。

另一些观点认为（Berenstein，2001a，2001b，2004，2007；Berenstein & Puget，1997），客体关系理论需要进一步完善，因为它可能唯我论[1]地仅聚焦于自我与内部客体的关系。也就是说，客体关系这一概念的命名反映了自我与内部客体的关系，而外部客体则被视为一些猜想（conjecture），仿佛只是一种假设或推测，即使*它们会不可避免地存在于与他人的关系中*，也不会发挥作用。主体能否视外部客体为独立、未知的存在，发展出了解它们的愿望和需要，这取决于每个主体应对自身焦虑的潜力。我们每个人也都会面临作为主体这一点。我们也需要运用猜想来发展关于自己的自我意识，尤其涉及自我世界中那些未知的内容。本章稍后将进一步讨论这一点。

"联结"（link）的概念

"联结"的概念为本书论述的现象提供了一个更近距离的视角。可以说，联结结构起源于原生亲密关系中的群体组织。作为群体的一员，必然会面对他人与自己的差异性（Palacios & Monserrat，2017）。这一概念在精神分析理论中非常多义，在不同的精神分析领域有着不同的含义。

---

[1]　solipsistically，认为只有自己的思想和感觉是真实存在的。——译者注

对所有运用"联结"这一概念的人来说，都需要清楚它指的是什么。人们一直试图通过精神分析理解在一个新的思想发展中另一个思想是怎样发挥作用的，当时分析师们却无法用已有的术语给予有效解释，对此，联结的概念则体现出重要意义。比昂（1962,1967）和温尼科特（1965）的理论则在试图回应这种需要。

比昂（1962,1963,1965）把另一个思想（mind）的存在描述为接收和消化婴儿情绪的必需条件，让情绪变成能够帮助新的思想去思考和做梦的心理材料。在他的描述中，新的思想不仅吸收着那些消化过的情绪，也必然形成一种联结（比昂以一种特定的方式运用这个词）以获得应对这些情绪的能力。联结的概念成为比昂理论的中心。比昂描述了客体和母亲与婴儿的纽带之间的联系，这是一个思想得以发展的场域（field）。他描述了一系列特殊的联结，如爱、恨、知识，呈现着情感纽带的性质和客体相互滋养或摧毁彼此的方式。他提出的缺失客体的象征化过程及这些过程中与母亲联结的作用，都是原创的观点。

温尼科特（1971）提出的"过渡性客体"和"过渡性现象"成为精神分析学中最重要的发现：描述了婴儿如何获得"非我"（not me）这一概念。与联结理论相关，过渡性客体和过渡性空间代表了一个人类体验的中间区域。在内部现实和外部现实之间，他设想了一个新的"介于拇指和泰迪熊之间，介于口欲期和真实客体关系之间"（p1），也就是介于儿童创造的幻想和内摄物的投射之间的主观体验。

一些作者也研究了每个人在共享联结的过程中必将经历的痛苦。"联结中的痛苦"（Berenstein & Puget，1997）这一说法试图说明夫妻或家庭中个体成为共享联结的一部分之后所体验的心理痛苦。很多作者，无论他们有没有精神分析背景，都尝试考察和解释个体是如何被其所属群体塑造的（Pichon Rivière, 1985; Berenstein & Puget, 1997; Berenstein, 2001b, 2004, 2007）。最初，他们把它作为一个思想中心，思考第三方（the third）和第三性（thirdness）的概念、移情的类型以及从列维-斯特劳斯联结的概念和交换法则中衍生出的观点 [《亲属关系的基本结构》（1969）和《结构人类学》（1963）中有详细的阐述]。

其中一些作者（Berenstein, 2007; Käes, 1987, 2007）指出，我们不能忘记主体生活在以下几个世界中：一个内部世界——由表征构成；一个主体间世界——自我与他人建立亲密关系，体验情感；一个跨主体或社会-文化的第三性世界——它决定了我们的社会认同。

精神分析中主体的概念

上述的作者们使用了"主体"这个概念，说明他们在思考主体之间的联结。接下来，我将进一步解释这个概念，帮助读者理解其含义。

几十年前，精神分析师们开始讨论主体和主体间性。弗洛伊德在他的著作中没有使用这一概念。在这个概念被使用之前，分析师们讨论的是自我、身份或者心理结构的构成（如 Guntrip, 1968; Khan, 1996; Kohut, 1971）。心理主体的概念一开始是作为心理结构的同义词被使用的。主体一词也被用于其他知识领域，如哲学或者心理学。弗洛伊德在他的地形学模型中阐述了一个极其重要的观点——人类心理和思想能够从意识觉察性上被彻底划分或分隔。这一观点完全不同于当时社会的观点——法国哲学家勒内·笛卡尔在其著作《方法论与沉思》（*Discourse on Method and the Meditations*, Descartes, 1637）中提出他认为的存在的起点："我思故我在"（cogito ergo sum）。弗洛伊德阐述了一个分隔的主体：意识主体和无意识主体。

客体和主体也是区分开的。无论何时，精神分析中的客体都是指一种结构——一种人类通过感官而形成的结构，让我们的内心对世界有了第一层的认识。精神分析中的主体指的是每个人的特异性，这使个体完全不同于其他任何一个人，每个人的经历赋予其根本的差异，这一点可以在分析领域的移情中得到研究。这就是精神分析学中的主体性。

在德国哲学家马丁·海德格尔（1927），瑞士语言学家、符号学家费尔迪南·德·索绪尔（1913）等人的解释理论和哲学解释方法论的启发下，拉康（1966）提出了"回归弗洛伊德"。他回到了弗洛伊德关于"过程构成主体"的观点。主体构成这一过程在本质上是辩证的，即主体在无意识和意识之间辩证的交互作用下形成和维持。精神分析理论对主体理论的贡献包括形成主体这一概念，在主体概念中，意识和无意识彼此都不具有优势地位，两者共存，相互促进也相互否定。

当我们使用"联结"一词来命名两个主体之间的关系时，意味着我们承认两者之间形成了一个无意识的组织。对于联结的双方来说，重要的是体验对他们共建的该结构的归属感。在这个结构中，他们共享一个区域以投入自恋，还有一个区域，其中的内容是不共享的，也无法共享。在某些情况下，个体具有融合的需求，并伴随着一个"与他人成为一体"的幻觉（见第五章）。可能人人都不喜欢幻想的破灭，但联结中的幻灭过程对夫妻的幸福感至关重要，它使夫妻双方都能认识到对方与自己是不同的。

当个体无法将他人视为完全不同的存在时，便通过投射将内部感知外化以延续自身。一些作者（Berenstein，2001a，2001b；Berenstein & Puget，1997）使用术语"强置"（imposition）来说明联结中主体对另一方的影响。夫妻中一方对另一方强置的影响，意味着夫妻中每一方都必须在自己内心做一些心理建设，以接受"他者"的存在。我们称"他者"为一个主体，具有刚性的差异；他是一个外来者，我们称这种现象为"他者的相异性"（the alienness of the other）（Berenstein，

2004，2007）。这是一个完全不同于梦中或无意识幻想的角色（后者是一个内部客体）。如果我们把他者理解为一个主体，把联结理解为两个具有根本差异的主体之间的结构，那么双方都需要进行前面提到的心理工作，以认识到这个他者的存在。双方也必须建立一个新的主体性，以成为该联结的一部分。我们称之为"主体的联结"（Berenstein，2001a）。"他者"的存在改变了联结中的每个主体。可以说，每个主体都生活在客体关系和与他人的联结之中（在某种意义上，这是该理论方法所强调的）。主体之间的差异是不可避免的，作为夫妻，双方都需要建立一种不同的主体性，以适应这种特殊的联结。

与他人的关系

目前，许多精神分析师在临床工作中会使用这些概念，从联结的角度理解与他人的关系。与之背道而驰的是另一种观点，即认为内部世界中的自我及其客体表征很少关注他人的存在，就像它们是偶然出现的，只能通过我们思想的"屏幕"看到，并且与我们的内部世界产生不同层次的混淆。如果我们从联结的视角去观察主体间世界，他者的存在是不可避免的，它决定了自我如何建构自己，并获得主体性。他者是外来者，在这个意义上，他者无法被纳入自我。与此同时，他者也在致力于自我的建构。作为主体，我们需要应对他者的存在，因为如上面所提到的，他者表现为被强置的客体（Berenstein & Puget，1997；Berenstein，2001a，2004）。因此，他者的存在是一种重要的中介，与心理幻想一起调节一系列发展性焦虑（Keogh & Enfeld, 2013）。这是一种完全不同于投射和内摄的机制，联结与客体关系理论的概念不同，但彼此相辅相成。

从这个角度可以看出，主体没有恒定状态，随着年龄而变化，主体性也随年龄的变化而不断发展。社会现实赋予人以变化并影响着他的主体性。因此，我们怎样与他人相处，决定了我们会成为怎样的人。主体性源于"我们与他人的关系"（Berenstein, 2007）。

一些分析师认为，咨询中的解释传递着已发生的内容。另一些分析师则认为，解释传递着一种新的意义，这种意义体现在解释的过程中，由病人和分析师共同创造。因此，我们都生活在客体关系和与他人的联结之中。分析师代表一个内部客体，他或她也作为一个新的存在发挥影响，创造着差异性。如果有任何产生新的体验的可能性，它也是病人和分析师之间的关系所带来的结果（Berenstein & Puget, 1997）。

人们常常认为，夫妻和家庭之间的联结是由每个成员的心理现实所决定的，例如，父亲去世后的病理性哀悼。然而，一个新的观点认为，这些群体或夫妻的联结并不仅仅依赖于个人的心理现实。移情对现实状况也有影响，它的存在会带来"扰动"。

临床案例

39岁的安东尼奥和37岁的妻子玛丽亚讲述了他们12岁女儿的问题。女儿与同龄人相处非常困难。评估显示，安东尼奥是三兄弟中的老二，玛丽亚是三姐妹中的老二。安东尼奥的父亲一年前因心脏衰竭去世。这对夫妻都在家庭经营的商店里工作，安东尼奥大部分的空闲时间都和妻子的家人在一起。他似乎嫉妒玛丽亚与她的家人以及她与女儿的关系。两人各自接受了精神分析治疗。双方似乎都完全没有意识到他们对女儿以及家庭功能的影响。

这对夫妻之间联结的性质可以通过以下对话呈现出来。

玛丽亚：我真的不知道我们为什么要来这里。我和女儿之间没有任何问题。我最大的问题是和丈夫相处。我和女儿关系

很好，我让她做什么她就做什么，一切都很顺利，我是
她生命中最重要的人。但是，和安东尼奥在一起就完全
不同。他开始接受治疗，因为我认为他应该这么做。他
有许多未解决的问题，也导致我们之间产生问题。但是
他的治疗对他没有任何帮助，我很后悔他开始治疗，因
为这种治疗对我们没有帮助。我得处理家里所有的事
情，每一个决定都由我来做。之前他什么都问我，但他
在接受治疗之后就变了，像被洗脑了一样。他想按自己
的方式做事，我受不了。

安东尼奥：我感觉好多了。我现在有了自己的看法，但玛丽亚认
为这样不好。

分析师：看来好像你们都需要坚持只能采用一种方式来解决家
庭生活中的问题，如果不是这样，你们之间就会爆发
争吵。

玛丽亚：我父母就是这样，他们一直都是这样。安东尼奥想做他
想做的，但我希望一切都回到原来的状态，否则我无法
忍受，我感到非常愤怒。

分析师：听起来好像不能有不同的方法去解决家庭生活中的问
题，为此你变得焦虑。安东尼奥因为有了自己的看法而
感觉更好了，而你的女儿需要的是父亲和母亲两个人。
玛丽亚想要的不是安东尼奥想要的；你们俩是不同的，
不同是很难被容忍的。

玛丽亚：一直都是这样，我一直是中心。告诉你（看着分析师），
去年我们遇到了一个大问题。我们从一个非洲国家领养
了一个孩子，结果这是个彻头彻尾的灾难。我们不得不
把他送回去，但这个决定是我做的，我为此感到内疚。

分析师:为什么要由你来做决定?对一个做决定的人来说,这似
　　　　乎是一个过于沉重的负担。这个位置似乎让人没法待
　　　　下去。

安东尼奥:我告诉玛丽亚不应该这样。我不想让那个孩子离
　　　　开……

安东尼奥被玛丽亚粗暴地打断了。

玛丽亚:不应该这样,不应该这样(一种嘲弄的语气)。

安东尼奥耸了耸肩,坐在那儿,不再说话。

分析师:安东尼奥,你没法继续刚刚已经开始说的话了。玛丽亚,
　　　　你似乎很生气,当安东尼奥开始表达他的想法,他认为
　　　　你不需要独自承担这样的负担,当他试图告诉你他的看
　　　　法和感受时,你似乎很生气。

评论

在这类联结中,他人被个体视为自己心理世界的一部分。如果把他人作为一个真实的存在,而不是作为某个人内部世界的外延来看待,这个存在就不可能被自我同化。夫妻双方都必须进行某种心理建设,以应对这种“存在”。他人被卷入投射机制中,但同时也作为一种“存在”把冲突带进夫妻关系。日常生活中,当双方都无法维持“和另一个人相处”的感觉时,夫妻之间会不可避免地出现激烈的冲突。在这种情况下,夫妻关系还要提供一个心理空间以容纳新主体(儿童)更是不可能的。如果夫妻不放弃共谋的幻想,就会感到缺少独立的存在,并归咎于另一方。一方试图以全能感控制另一方,把自己对现实的看法强加于对方,仿佛世界上唯我独尊。当个体感受到自我界限的混淆,认识到他人是不同于自己的存在时,会在情感层面把这些感受感知为被迫害,继而更加否认差异。对这对夫妻来说,安东尼奥的父

亲去世了，他们把收养的男孩送回了原籍国，女儿进入青春期也意味着他们失去了一个小孩，目前夫妻关系出现的问题反映了他们无力（没有心理空间）去哀悼这一系列的丧失。

结论

本章介绍了联结理论的性质以及理解联结的多种理论视角，为夫妻和家庭治疗师增加了一个意义丰富的关注点。对一些夫妻和家庭来说，丧失的忧郁反应可能是受到干扰的结果。夫妻中的一方或其他家人的"存在"可能会导致病理性联结，也就是说，这些联结可能会阻碍哀悼过程。同时，本章也强调了治疗师这一角色存在的重要意义。

参考文献

Abraham,K.(1924).Un breve estudio de la evolucion de la libido considerada a laluz de los trastornos mentales [A Short Study on the Development of the Libido, Viewed in the Light of Mental Disorders]. In: *Psicoanalisis Clinico.* Buenos Aires:Hormé.

Berenstein,I. (2001a). *El sujeto y el Otro [The Subject and the Other].* Buenos Aires: Paidós.

Berenstein,I. (2001b). *Clínica familiar psicoanalítica. Estructura y acontecimtiento[Family Clinical Work. Structure and Event].* Buenos Aires: Paidós.

Berenstein,I. (2004) *Devenir otro con otro(s): ajenidad, presencia,interferencia.* Buenos Aires: Paidós.

Berenstein, I. (2007). *Del ser al hacer. Curso sobre vincularidad.* Buenos Aires: Paidós.

Berenstein,I.,& Puget,J. (1997).*Lo Vincular [Working Psychonalytically].* Buenos Aires: Paidós.

Berenstein, I., & Puget,J. (2004)."Implications and interferences in link clinical work" encounter with Janine Puget and Isidoro Berenstein. AUPCV, Uruguay:

APU.

Bion, W. R.(1962).*Learning from Experience.* London: William Heinemann.

Bion, W. R. (1963), *Elements of Psycho-Analysis.* London: Heinemann.

Bion, W R.(1965). *Transformations: Change from Learning to Growth.* London: Heinemann.

Bion, W. R. (1967). *Second Thoughts.* London: Karnac.

De Saussure, F. (1913). *Course of General Linguistics.* Paris: Ed. Payot.

Descartes, R. (1637). *Discourse on Method and Meditations,* L. J. Lafleur (Trans.).New York:The Liberal Arts Press.

Dicks, H. (1967). *Marital Tensions.* New York: Basic Books.

Freud, S. (1914). On Narcissism: An Introduction. *S.E.,* 14: 67-102.

Freud, S. (1917). Mourning and Melancholia.*S.E.,* 14: 239-258.

Guntrip, H. (1968). *Schizoid Phenomena. Object Relations and the Self.* New York: International University Press.

Heidegger, M. (1927). *Being and Time.* New York: Harper Perennial.

Kaës, R.(1987).Pacto denegativo en los conjuntos trans-subjetivos. *En: Lo Negativo.Figuras y Modalidades* [Denegative pact in trans-subjective groups. *In:The Negative. Figures and Modalities*]. Buenos Aires: Amorrortu Editores.

Kaës, R. (2007).*Linking, Alliances,and Shared Space.* London: The International Psychoanalytic Association.

Keogh, T., & Enfield, S. (2013). From regression to recovery: Tracking developmental anxieties in couple therapy. *Couple and Family Psychoanalysis Review,* 3(1):28-46.

Khan, M. M.R. (1996). *The Privacy of the Self.* London: Karnac.

Klein, M. (1935). A contribution to the psychogenesis of manic-depressive states. In:*Love, Guilt and Reparation and Other Works 1921-1945.The Writings of Melanie Klein, Volume I.* London: Hogarth Press.

Klein, M. (1940). Mourning and its relation to manic depressive states. In: R. Money-Kyrle, B. Joseph, E. O'Shaughnessy, & H. Segal (Eds.),*The Writings of Melanie Klein.* London: Hogarth Press.

Klein, M. (1946). Notes on some schizoid mechanisms. In: R. Money-Kyrle, B.Joseph, E. O'Shaughnessy,& H. Segal(Eds.), *The Writings of Melanie Klein.* London: Hogarth Press.

Kohut, H. (1971). *The Analysis of the Self: A Systematic Approach to the Psycho-analytic Treatment of Narcissistic Personality Disorders.* New York:

International Universities Press.

Lacan, J. (1966). *Écrits.* Paris: Les Editions du Seuil.

Lévi-Strauss, C. (1963). *Antropologia Estructural* [*Structural Anthropology*]. Buenos Aires: EUDEBA.

Lévi-Strauss,C. (1969).*Las Estructuras Elementales del Parentesco* [*The Elementary Structures of Kinship*]. Barcelona: Paidós.

Palacios, E., & Monserrat, A.(2017).Contribution to the Link Perspective in Interactions with Families: Theoretical and Technical Aspects and Clinical Applications.In: D. Scharff, & E. Palacios (Eds.),*Couple and Family Psychoanalysis: A Global Perspective.* London: Karnac.

Pichon Rivière,E. (1985).T*eoría del Vínculo.* Buenos Aires: Nueva Visión.

Pincus,L. & Dare, C. (1978). *Secrets in the Family.* London: Faber & Faber.

Ruszczynski,S. (1993). *Psychotherapy with Couples: Theory and Practice at the Tavistock Institute of Marital Studies.* London: Karnac.

Scharff, D.,& Scharff,J. (1977). *Object Relations. Family Therapy.* Maryland: Rowman & Littlefield.

Winnicott, D. W.(1965). *Family and the Individual Development.* London: Tavistock Publications.

Winnicott,D. W. (1971). *Playing and Reality.* London: Tavistock Publications.

第三章
评估和阐述夫妻功能中未完成的丧失问题

辛西娅·格雷戈里-罗伯茨和蒂莫西·基奥

简介

  本章将重申精神分析中用于夫妻评估的一些基本方法，阐述我们的模型如何评估未完成哀伤的症状表现，并理解它是如何影响夫妻功能的。通过整合联结理论和客体关系理论，我们获得一个独特且重要的评估框架，这一框架说明了个体与其内化客体（情感上非常依恋的人）的关系以及这些内部联结是如何通过外部（尤其是夫妻）联结转化和修正的，利用这一框架，我们便可以评估夫妻在经历死亡事件后对未完成的丧失的应对方式。

  我们把夫妻关系看作是内在自体-客体关系的外化版本，在很大程度上受另一方强置的影响。它也受到代际（垂直）联结和文化（水平）联结的影响。在咨询室里，我们会观察到两组受到这些水平和垂直联结影响的自体-客体关系，它们在夫妻关系中表现了出来。

  当夫妻经历依恋对象的死亡，他们面临的既有外部依恋的丧失，也有相关的内部客体的丧失。而能够被修复的，只有内部客体。未完成的哀伤反应涉及对失去客体的矛盾心理，自体会因为自责而变得筋疲力竭。这个过程通常以投射的形式表现出来，体现在夫妻（或家庭）在现实生活中遇到的问题中（另见第五章）。在夫妻关系中，自我不想要的投射会趋向于成为原始超我严厉指责的对象，引发关系的不和谐。也就是说，在夫妻二元关系中，丧失后处于忧郁状态下的"另一方"会把伴侣自我中不想要的、未识别的部分投射到自己身上。夫妻还可能（单独或共同）承受（垂直联结中）未消化的代际丧失，这也会影响到他们的哀悼能力。

客体关系理论整合了联结理论，作为一种评估方式，其独特性不仅在于关注心理世界中的无意识部分，同时也要求临床医生在治疗过程中承担"移情的对象"这一角色，作为一个客体促使"强置"的形成。最终，精神分析治疗师通过对自身反移情的反思揭示这些过程，帮助夫妻走出困境。

此外，作为分析取向的临床医生，治疗师需要把自己作为治疗工具，在精神分析评估阶段向夫妻说明，治疗师关注的是经验中有关无意识的部分，同时，作为治疗联结中一个新的（挑战性的）角色，治疗师也会帮助他们塑造内部自体 - 客体关系。另外，治疗师也有必要向夫妻双方传达这样一个信息，即目前的问题虽然让他们很困扰，但也具有一些有待发现的意义。治疗师可以通过一系列的迭代解释，帮助夫妻理解他们是如何以自己的方式发挥作用的（Keogh & Gregory-Roberts, 2017a）。

精神分析取向的心理治疗师首先需要建立一个分析性环境，一个让夫妻双方感到被抱持的、安全的氛围，然后再进一步揭示夫妻问题的无意识意义。在这样的环境中，治疗师得以与夫妻进行有效的沟通，表现出有兴趣理解他们，与夫妻建立（正性的）移情关系，以形成治疗联盟。换句话说，这些成就取决于夫妻治疗师的分析性立场 / 分析态度这一关键因素。因此，只有理解这些核心概念才能在夫妻治疗中运用它们，才能进一步具体地评估夫妻的忧郁反应。

评估夫妻：心理动力的要素

虽然了解夫妻各自的内部世界很重要，但精神分析治疗师的最终任务是观察个体动力如何影响夫妻这一整体功能的正常或失常状态。这提示在评估过程中持续关注"夫妻心理状态"非常重要（Morgan，2005）。对于夫妻心理状态，摩根写道：

> 治疗师思考的是伴侣创造了怎样的关系，对于成为夫妻，他们有哪些无意识的幻想和信念。治疗师试图保持中立的立场，尽管来自伴侣的压力会让她偏向某一方，有时她真的觉得自己更同情一方或另一方，但她是在与一个作为动力整体的关系进行工作，这个动力整体是一个无意识系统，在这个系统中，伴侣每一方都代表着另一方的某些方面。这些方面也很容易在双方之间转换。（p125）

我们认为，这也要求临床医生采用我们所建议的"联结的心理状态"这一概念，她采用的治疗立场使她能够关注夫妻联结的性质，思考它是如何帮助或阻碍夫妻心理发展的。当治疗师观察夫妻之间的关系时，就可以理解这种联结的本质。

还有人提议，初步的解释也是评估过程的一个重要部分，但在这里它具有一个特殊的作用。如果说解释是一个反复的过程，那么就有必要通过这个过程开始对夫妻呈现的问题进行精神分析式的理解。为了达到这个目的，治疗师可以初步解释性地简单提出或强调一些事件之间的相关性。解释也可以当作一种评估夫妻使用精神分析过程的能力的有效方式。只有随着夫妻治疗工作的深入和对反移情反应的处理，才会发展出显著的转化性解释（mutative interpretation）[1]。在

---

[1] 引发变化的解释。——译者注

个体治疗中，转化性解释是指将固有的内部心理问题和移情中的表现联系起来，从而带来变化。对夫妻的转化性解释（Keogh & Gregory-Roberts，2017a）会涉及夫妻每一方固有的心理问题，并将其与目前的问题关联起来。通过解释，夫妻基础动力得以意识化，从而实现夫妻心理的功能性转变。这些解释也可以在联合夫妻治疗中通过两个治疗师之间的"对夫妻的反思性解释"进行（Keogh & Gregory-Roberts，2017b）。当分裂和争执已经成为夫妻间防御堡垒根深蒂固的一部分，当夫妻在他们的原生家庭中经历的夫妻模式很糟糕时，这一技术尤为有效。

在评估阶段，解释夫妻的共同问题可能会面临一些阻碍，因为夫妻双方往往都认为是对方的错，是对方导致关系出问题。治疗师往往承受着巨大的压力，会被拉进分裂之中，并被迫依此行事（Morgan，2005）。萨夫夫妇（Scharff & Scharff，1991）有效地引入了费尔贝恩（Fairbairn，1944）的内部心理结构模型的二元关系版本，描述这种情况下分裂的部分是如何投射到另一方身上的。这个模型的改进版本清晰地呈现了投射和内射过程（通过夫妻联结）是如何消除夫妻之间的差异并形成"投射僵局"的（Morgan，1995）。

治疗师会被共谋性地分裂并投射夫妻内部自体 - 客体关系中被讨厌的内容，为了对抗这种压力，治疗师需要能够接受这种投射，和夫妻真实地发展出比昂（Bion，1963）提出的"容器 - 容纳"的关系。

我们认为，只有实现了这一点，建立起"分析性联结"（Käes，2016），并具备干预能力，治疗师才有可能实现转化性解释和促进治疗深入。因此，治疗师从一开始就需要思考如何发展这个重要的平台来进行解释和转化性工作。分析立场 / 分析态度对这一过程至关重要。

分析立场/分析态度

总的来说，分析立场或分析态度是一种心理状态，一种倾听临床材料的方式，其发展基于精神分析训练的三重模式，即个人分析、教学式学习和临床督导。它要求治疗师从显性（意识的）内容和隐性（无意识的）内容两个角度倾听临床资料。它也要求治疗师具有把自己当作治疗工具的能力，即能够记录个体治疗和夫妻治疗中自己出现的（反移情的）情感体验，并运用这些体验来理解夫妻的内部世界和他们的夫妻联结。对此，莱玛（Lemma，2016）指出：

> 分析性态度是一种特殊的倾听方式：治疗师共情于来访者的主观体验，同时好奇于无意识的含义，而不是试图解决问题或提供建议……[她继续写道]……不同于漠然的态度，精神分析师/心理动力治疗师应该积极参与并在情感上与来访者的主观体验一致：他们是治疗过程的参与者，在与来访者的交流中会体验到强烈的感受。然而，治疗师也需要能够从与来访者的互动中退出来，进行反思和讨论，从而帮助来访者理解他们是如何与他人相处的。精神分析/心理动力工作要求治疗师能够交替于——暂时性和部分认同的共情以及回归到观察者的位置以进行交流——两种状态之间。（p7）

分析设置和框架

分析设置不仅指稳定和安全的物理设置，也指由上述分析立场产生的虚拟设置，这也会使治疗师的行为给来访者带来稳定感。因此，治疗师需要保持自己言行的可预见性。同时，治疗师也需要考虑咨询室的布置，可能会引起来访者产生什么样的移情。

这些因素都是为了创造一种持久的连续性，由这些因素形成的整体界限构成了治疗的框架。关于框架的概念，布莱格（Bleger，1967）指出：

> 精神分析框架包括分析师的角色、空间（氛围）和时间因素，以及部分技术（包括确定和保持时间、费用、中断等问题）。框架是一种策略，而不是技术。（p511）

框架好比外科医生的手术室，为治疗工作提供整体环境。在精神分析、夫妻评估和治疗中，框架是一个极其复杂且重要的概念。框架被认为是病人（夫妻）人格中最具精神病性特质的储藏室（Bleger，1967）。布莱格说道：

> 框架被作为一种机构（institution）来研究，在其范围内出现的现象被称为"行为"。从这个意义上说，框架是"无声的"，但并非不存在。它构成了病人的非我（non-ego），通过它，病人的自我自行形成。这种非我是病人的"幽灵世界"，它存在于框架中，代表着一种"元行为"（meta-behaviour）。（Bleger，1967，p518）

此外，框架本身也有一定的局限性和界限；因此，我们可以把它视为一种心理结构，通过创造安全感来抱持来访者的心理内容。这些考虑确保了心理治疗工作的背景性抱持和容纳（Scharff & Scharff，1991）。

夫妻治疗对无意识内容的处理

精神分析取向的心理治疗师在处理复杂的夫妻问题时，主要关注的是无意识冲突在夫妻关系失调或起直接冲突时所起到的作用。从转介的那一刻起，精神分析性心理治疗师就获得一系列与评估相关的临床材料，包括引荐人（有意和无意）传达的信息，引荐的方式，以及安排首次访谈时遇到的困难。这些治疗外的材料往往预示着往后会出现的移情和反移情反应。因此，它们可以提供关于夫妻每一方内部自体-客体关系和夫妻联结的重要线索。

在转介过程中，夫妻治疗师需要思考对夫妻或家庭所采用的评估方法。这里可能会遇到这样的问题：精神分析取向的治疗师是和这对夫妻分别会面还是一起会面，如果涉及一个家庭，是否要求所有家庭成员都参与会面。

和其他精神分析师或精神分析取向的治疗师一样，夫妻治疗师接触夫妻无意识过程的主要方式之一，是通过自己的反移情或者处理夫妻双方投射性认同的体验。如上所述，这些过程甚至在治疗师会见夫妻之前就开始了。基于精神分析治疗师自己的分析或治疗，他接受、容纳和思考这些体验的能力是理解和处理夫妻无意识过程的关键。

人们逐渐认识到，在夫妻和家庭治疗的初始阶段，常常会出现由强大的无意识力量引发的活现（enactment）。因此，重要的是思考那些可能构成活现的行为，特别是达成一致的约定以及这些约定背后可能隐藏的强大的无意识力量。这就是为什么参加同伴或督导小组是很有意义的，因为这些过程能够使治疗师理解这些潜在的活现，发现它们何时出现，如何在治疗中处理它们。

在联合夫妻治疗中，一个处理无意识过程的重要任务是两位治疗师在会谈结束后一起分享和反思，分析彼此对夫妻及其中一方出现的强烈且常常是不同的反应。

识别并跟随情感

一个评估夫妻关系的有效工具是追踪他们在会谈中出现的情感。

非分析性评估会聚焦于一系列固定的问题，以获得相关的背景信息。在分析性环境中，夫妻治疗师关注的是跟随夫妻在会谈中选择的方向。这个方向标是夫妻在会谈中提供信息时呈现出来的情感，治疗师需要与之保持一致。

在会谈开始时，一对夫妻可能会谈论他们所面临的问题，并对某一特定事件表达强烈的情感。比如，夫妻一方可能会泪流满面地谈到另一方的父亲去世后自己开始出现的问题。比起简单地识别这种情感和/或继续访谈，精神分析治疗师会更深入地探索这种情感，比如，治疗师会说："看起来谈到这次丧失会让你特别难过。"在这种情况下，治疗师可以开始尝试让夫妻意识到未完成的哀伤所带来的持续影响。如此，做到自然而非机械地收集有关过去的经历。这一点也体现出精神分析治疗中评估和干预是如何相互交织的，说明了为什么评估阶段最好分几次访谈完成。

作为一种夫妻治疗技术，跟随情感很大程度上凭借的是反移情，精神分析治疗师把自己当作敏锐的工具以获取、反思、体验，并找到夫妻问题的"情感核心"。在家庭评估中，当涉及这些问题时，孩子们的游戏和/或情感反应会提供重要线索，帮助治疗师理解家庭的客体关系和联结。

游戏在评估夫妻/家庭问题中的重要性

作为一种评估精神病理的方法，儿童的游戏在精神分析领域有着悠久的历史。梅兰妮·克莱因（1932）的工作体现了儿童游戏的重要性及其在游戏治疗中的应用。大卫和吉尔·萨夫（David & Jill Scharff，1987）阐述了游戏在家庭治疗中的作用。理想情况下，这个过程还包括一个联合治疗师，他能够参与孩子的游戏，而另一个治疗师与父母进行口头交流。通过这一过程，治疗师能够指出，儿童的行为或游戏可能与父母正在表达的即时情感状态有关。比如，萨夫（Scharff，2017）描述了一次治疗中断后的家庭会谈，其中有一段关于母亲抑郁状态的讨论，谈到她头痛这一心身问题。这时，治疗室里的孩子们开始了一系列的游戏，其中包括用动物玩具愤怒地攻击着救护车。尽管在现实的会谈中讨论的内容更详细，"孩子的游戏"常常提示这个家庭可能对治疗师（由救护车代表）很愤怒，因为是治疗师的原因导致治疗中断，让家庭独自处理各种难题。当治疗师根据孩子们的游戏给出这个解释后，母亲的情绪出现了变化，她承认她的愤怒，与此同时，她也意识到自己的头痛减轻了（Keogh，2017）。这个例子呈现了家庭会谈中治疗师对孩子的游戏的观察和运用，说明游戏可以被视为会谈中的一部分对话，有待被解码、关联到言语对话上并加以解释。这种对游戏的精神分析式运用，类似于将潜在的（无意识的）和外显的（意识的）内容联系起来，以实现一种转化性解释。

评估夫妻联结的性质和作用

这种联结不同于客体关系，区别在于：它形成于一个处于关系中他者的主体现实（subjective reality of the other）之外的心理空间。正如尼科洛（Nicolò，2016）所述："联结是一个共构性的新要素，它提取了自体的不同版本，在关系的特殊联结中被再次更新。"（p210）双方的投入使联结呈现出作为夫妻的"我们是谁"的特征。当联结被用以代偿对方（或夫妻双方）身上的问题，它会得到强烈的捍卫。评估夫妻联结的质量和性质的关键是治疗师对反移情的运用。这有助于确定无意识联盟的性质，并进一步确定"主体间联结以何种方式形成和发展"（Käes，2016，p187）。这些"结构化联盟"构成了内部空间、防御联盟等，可以代表一个"负性契约"（negative pact），包括夫妻无意识地在否认什么、压抑什么或消除什么上达成一致，或共构一个病理性（如反常的）联盟。凯斯（Käes）还提到了经常会在团体中出现的进攻性联盟，旨在"确保团体一致进行攻击，实现一个投射或形成超越其他团体的优势"（p188）。正如凯斯所指出的，它在评估联结时有助于：

> ……解决纠纷并发现联盟中每个人（联结的主体）内部心理维度之间的关系，主体之间联结的心理空间中的交互心理维度，*团体中复合性整体的跨心理维度*（trans-psychic dimension in complex ensembles）。（p189，斜体部分为作者补充）

就病理性联结而言，在无法体验哀悼的夫妻中，一个常见的联结是自恋性联结。在评估夫妻联结的性质和质量时，重要的是评估夫妻关系的一些关键要素（Käes，2016），包括联结呈现出的一致且特定的心理现实，主体在联结中存在的方式以及联结中每个主体内部联结的交集引发的心理现实的包容与排斥的方式。

这些观点有助于我们评估联结中的现实主体与特定于该联结的心理现实之间的关系。

评估夫妻应对丧失的忧郁反应

在任何一个精神分析治疗中，我们认为治疗效果一定程度上体现在分析者或患者能够将之前的分裂和自身未被识别的方面整合起来。这通常包括在治疗的艰难（抑郁）阶段，病人能够面对指向客体的摧毁性冲动。如果一切顺利的话，个体会进入一个对丧失客体的哀悼阶段，知道它已经被摧毁，然后激发出修复的动力，最终重获"失去的好客体"。这一发展的好处是被分析者能够获得一种有别于他人（客体）仅关于自己的身份感。

如果这一发展没有出现，指向客体的分裂的感受仍会形成一种迫害感（或者迫害焦虑），因为个体指向客体的感受中不可承受的部分会投射到外部环境、他人以及该环境中的其他客体上。这导致个体感到被外部环境中的迫害者攻击，这些是弗洛伊德所描述的出现忧郁反应的心理状态。个体怀着这样的心态，通过一个未分化的自体用分裂的方式经历着丧失。因此，正如前面所讨论的，在丧失的忧郁体验中有一种丧失自我的体验，即个体无法在心理层面与客体分离。因此，在评估夫妻的忧郁型丧失的指征中，我们需要评估一些具体的问题，包括：

- 夫妻双方的心理发展水平和自我功能；
- 夫妻心理功能的整体发展水平；
- 夫妻主要的焦虑性质；
- 夫妻关系呈现的成熟、个体化、互惠性（reciprocal）关系对比于自恋、融合的关系；
- 现实中夫妻双方和一方的丧失经历（如早年失去父母、流产史）；
- 夫妻各自的依恋史/风格；
- 个人、夫妻与丧失的依恋客体之间的关系性质；
- 死亡相关情况（比如死亡是突发的、创伤的、令人羞耻的）；
- 个体对死亡感到应负责任的程度；
- 联结的性质，尤其是自恋性联结。

以上这些因素将提供一个总体指征，反映夫妻所面临的问题在多大程度上与未解决的丧失之间存在关联，夫妻双方或一方在多大程度上具有复杂性哀伤的症状，并影响着夫妻功能。接下来，我们通过一个临床案例进一步阐述以上这些因素。

艾玛和格斯这对夫妻的案例报告呈现了评估访谈中陈述的要点、内部客体和联结，这些信息可以帮助我们理解他们在女儿去世后的哀伤反应。

艾玛和格斯

艾玛和格斯7岁的女儿彼安卡被诊断为白血病后，一位社会工作者给了他们极大的支持。尽管接受了治疗，彼安卡还是在几个月后去世了。大约一年后，这位社工联系了艾玛进行随访，想了解这对夫妻的情况。基于这位社工在丧痛方面丰富的经验，他敏锐地发现了这对夫妻出现复杂性哀伤反应的可能性。因此，这位社工把他们介绍给一位精神分析性夫妻治疗师。在访谈讨论中，艾玛提到她和格斯相处得不太好，她很焦虑，害怕他们会分开。她讲述了自己是如何变得对丈夫非常挑剔的，尽管她觉得在彼安卡生病期间，她和丈夫真的彼此互相支持着，作为夫妻的他们感觉很亲密。这位社工说，现在艾玛和丈夫的关系似乎很紧张，也许他们仍然挣扎在失去女儿的痛苦中。艾玛说她不知道，但确实感到他们的处境很糟糕。这位社工建议，如果他们能和夫妻治疗师聊聊，试着理解他们之间发生了什么，或许会有所帮助。

通常经历这类问题的夫妻会忽略问题的出现和失败的哀悼之间可能存在的联系。在评估访谈中，治疗师有必要谨慎地进行反复解释，尝试将两者联系起来。

艾玛和丈夫讨论了转介的想法。他也很在乎他们的婚姻，所以立刻表示赞同。在与夫妻治疗师进行评估访谈的过程中，他们的问题变得更清晰了。格斯说，艾玛对自己的生活越来越不满意，一再对他说觉得生活和工作没有意义，尤其是她开始怀疑自己当护士的能力。他也觉得她对他越来越怀恨在心。她的愤怒令他心烦意乱，但他不明白自己做了什么，竟招来了如此不断升级的敌意，因为他一直非常努力地支持她，帮忙做家务。他提到，她在很多小事上都很挑剔，而且似乎有些夸张。比如，当他们的一株植物死掉时，她会"暴跳如雷"，指责他没有给予足够的照顾。格斯对艾玛的变化感到非常沮丧和生气，但他觉得说什么都会让她更加烦乱。他觉得自己现在如履薄冰。他注意到自己晚上想喝酒的次数比以前多了，而且有时会因为醉酒而导致第二天无法工作。在评估访谈中，当他们提到曾试图再生一个孩子但没有成功时，格斯瞬间泪流满面。格斯觉得怀孕的压力和关系的冲突使他们的性关系也变得被动，他注意到他已经不再像以前那样渴望和艾玛亲近。她也注意到了这一点，觉得格斯对她来说不再有吸引力了。艾玛承认，她对自己的生活感到愤怒、怨恨和不满，不确定要不要继续他们的关系，也不确定要不要再怀孕。

谈到他们的家庭经历时，治疗师了解到，艾玛在14岁的时候失去了自己的母亲，当时她们一家住在英格兰北部。艾玛的母亲死于未被发现的卵巢癌，母亲去世后，她的父亲忙于工作，从未再提过母亲的去世。因为父亲经常很晚才回家，艾玛开始在学校寄宿。父亲在艾玛16岁时再婚，她和继母的关系非常疏远。艾玛成年后去了澳大利亚，在那里她遇到了格斯。格斯在一个偏远的乡村小镇长大，格斯7岁时，他的母亲决定离开酗酒的父亲，于是他和母亲搬到了城里。那之后，格斯的母亲不愿谈论格斯的父亲，希望他尽量少与儿子接触。其他亲戚曾告诉过格斯，在他父亲驾驶的一辆农用汽车翻了车，同在车上的弟弟在车祸中丧生后，他的父亲开始酗酒。

评估访谈中，治疗师也了解到艾玛和格斯一开始非常相爱。艾玛对格斯给予了非常大的支持，帮助格斯应对自卑感，她也感到被他理解和欣赏。两人都在培训后找到了满意的工作，虽然辛苦但很幸福。他们有着各种计划，开始共同建立稳定的家庭。只有当他们心力交瘁时，才会偶尔表现出对彼此关系不那么乐观的态度。

这对夫妻经历了重要依恋对象（在这个案例中是他们的女儿）的死亡，对此，治疗师需要进行一个初步的总结以进一步阐述心理动力性治疗假设。

首先，评估夫妻各自的心理功能模式。关系中的责备提示夫妻中存在一定程度的分裂和投射，这一点在艾玛那儿表现得最为突出。但格斯也表现出被迫害性超我影响的迹象，他对自己的感觉非常糟糕。因此，我们可以看到这对夫妻呈现出的迫害性焦虑，使这对夫妻在这个时期一直处在偏执 - 分裂的运转模式中。尽管他们之前是在一个更高功能的整合水平，在目前的应激事件中，他们退行到了偏执 - 分裂的水平。

其次，评估访谈还获得了一些（以分裂和投射的形式出现的）原始焦虑的证据。值得注意的是，根据这些焦虑和防御的性质，这对夫妻在访谈中基本没有呈现出个体化的、互惠的、功能性的成熟水平的特征，而是呈现出一种自恋的模式，对方成为一个自体-客体（即，对方被用来承载自体不需要的部分）。

面对这种情况，精神分析治疗师会关注夫妻双方经历中可能涉及的未解决的丧失。艾玛和格斯的成长经历中都有这方面的证据。他们都有失去父母的经历（死亡或分离），他们的父母除了失去夫妻关系，也经历了重大的丧失。这些信息对理解他们当前的功能是很重要的，因为一方未解决的丧失会导致他 / 她面对伴侣的丧失时不知道如何反应。这时，伴侣变成了一面镜子，映射出自身无法应对的感受。这种情况下，夫妻关系负载了过多难以消化的毒素，从而导致关系的恶化。当我们从精神分析的角度思考格斯和艾玛的关系，可以发现，女儿的去世引发了一种心理的断裂，并激活原生母-婴关系的创伤。他们形成的夫妻联结妨碍了他们成功应对这一重大生活事件，因为这一共构的联结拒绝接纳某些特定的心理现实，从而抑制了哀悼的进行。

夫妻的心理动力假设

莱玛（2016）提出了一个非常现代的心理动力假设，其主要内容包括：

- 描述问题；
- 描述问题的心理成本；
- 研究问题的背景（包括识别相关的诱发因素）；
- 描述最主要和反复出现的客体关系；
- 识别防御，制定治疗目标。

这样的假设决定了心理动力学方法在夫妻干预问题上的独特关注点。我们可以这样阐述这对夫妻的问题：艾玛认为格斯对她不感兴趣，在情感和性方面都疏远自己，同时也意识到自己对他的愤怒和挑剔。对于格斯，他感到被艾玛毫无由头地指责，并为她对他们关系的不满而感到不安。这种指责和挑剔在他们以前的关系中是没有的，这为治疗师提供了第一个线索，提示失去女儿这件事引发了夫妻的忧郁反应。对他人的挑剔是一种投射性的责备，是一种因失去孩子而有的自我批判。他们回避的核心痛苦便是现实中的丧失。通过垂直联结，早年原生家庭的丧失在代际间传递，又因为子女的死亡而被激活。

对这对夫妻来说，这个问题的心理成本是他们曾经幸福的婚姻关系的破裂以及随之而来的永久破裂和离婚的风险。各自的丧失经历使对方都将不想要的情感体验分裂和投射出去，这导致了夫妻对彼此认知的扭曲，尤其是艾玛。

当关注问题的背景时，我们从艾玛的经历中得知，她已经把一个未解决的丧失带进了婚姻，即失去了对她怀着矛盾感情的母亲，这使她在经历以后的丧失时变得格外脆弱，并出现忧郁反应。格斯小时候也经历过父亲情感上的缺失，这让他觉得自己不值得被爱，失去女儿后，这一丧失感也被激活，而艾玛对格斯的不断指责，可能激活了他无意识中认为自己应当对童年时父亲离家负责的念头。在这种情况下，责备是丧失后忧郁反应的普遍现象（Keogh & Gregory-Roberts，2017b）

这对夫妻都在童年时期经历了丧失和创伤，这也让他们彼此互相吸引。尽管他们希望彼此也能互相支持和照顾，但失去女儿让他们在情感上不堪重负。这对夫妻在评估访谈中谈道，甚至在女儿出生之前，他们都曾害怕失去对方。

关于夫妻中主要且反复出现的客体关系，对这对夫妻来说，格斯最主要的客体关系是艾玛所代表的指责性母亲，在母亲面前，他感觉自己需要为失去父亲负责，母亲也因此责备自己（而目前自己则需要为失去女儿负责）。对艾玛来说，格斯主要代表她的母亲，她们的关系毁掉了，母亲也离开了，这让她感到不会有人愿意亲近自己。

当我们评估这对夫妻的主要防御时，会看到分裂和投射是避免哀悼之痛的主要机制。在他们各自的家庭中，丧失之痛也同样无法承受和应对，这种家庭联结进一步导致他们的否认。这些防御的程度反映了他们问题的严重程度，即他们的问题是边缘性而非神经症性的水平。

对于艾玛和格斯共同建构的联结，我们可以看到一种自恋型的关系性质，这妨碍了他们对彼此差异的认识。这种自恋型联结降低了夫妻进入哀悼的可能性，并进一步相互印证了他们内在的客体关系。

鉴于以上这些因素，治疗的主要目标之一是尝试从一个不同的角度来看待他们所面临的困境，以重塑当前的问题。这包括观察目前的问题和关系模式的无意识内容。就这对夫妻而言，在初步解释中把他们呈现的症状和丧失关联起来对他们来说是有帮助的，可以重复提及。

治疗目标可以着眼于帮助他们确认对现实丧失事件的感受，并调动双方的资源以协助彼此共同达到这一目标。本书将在第四章对这一过程展开更详细的描述。

在进行评估和心理动力假设的过程中，我们也需要评估夫妻是否适合进行分析工作，包括评估夫妻运用治疗师对他们的问题作出的解释性说明的能力，以及他们允许治疗师进入其防御堡垒的意愿和能力，这个防御堡垒会把他们的心理痛苦阻挡在外，这些痛苦被认为是不可承受的，也是无法从中幸存的。一些夫妻可能不认同治疗师的假设，也可能不想参与治疗。然而，艾玛和格斯发展出了一个治疗联盟，并表现出反思和洞察的能力。

在治疗师对具有未完成的丧失症状的夫妻进行总体评估后，可以与夫妻讨论进一步的治疗方案，包括短程治疗。接着，将进入治疗的关键阶段，包括巩固治疗联盟和进行有效的解释工作。

参考文献

Bion, W.R. (1963). *Elements of Psycho-Analysis.* London: Heinemann.

Bleger, J. (1967). Psycho-analysis of the psycho-analytic frame. *International Journal of Psycho-Analysis,* 48:511-519.

Fairbairn,W.R. D. (1944). Endopsychic structure considered in terms of object-relationships. *International Journal of Psycho-Analysis,* 25:70-92.

Kaës,R. (2016). Link and the transference within three interfering psychic spaces. *Couple and Family Psychoanalysis,* 6(2): 81-193.

Keogh,T.(2017). Bion's grid and the selected fact: A commentary on David Scharff's mid-phase session of family psychoanalysis In: D. E. Scharff & E.

Palacios (Eds.), *Couple and Family Psychoanalysis: A Global Perspective* (pp 185-192).London: Karnac.

Keogh, T., & Gregory-Roberts,C. (2017a). The role of interpretation in the assessment phase of couple psychoanalysis. *Couple and Family Psychoanalysis*, 7(2): 168-180.

Keogh,T.,& Gregory-Roberts,C.(2017b). A valediction forbidding mourning:Working with traumatic repetition in an older couple. In: D.E. Scharff & M.Vorchheimer (Eds.), *Clinical Dialogues on Psychoanalysis with Families and Couples*(pp. 73-83). London: Karnac.

Klein, M. (1932). The psychoanalysis of children.In: *The Writings of Melanie Klein, Vol.*2. London: Hogarth, 1975.

Lemma, A. (2016). *Introduction to the Practice of Psychoanalytic Psychotherapy.* Hoboken,NJ:Wiley-Blackwell.

Morgan, M. (1995). *The Projective Gridlock: A Form of Projective Identification in Couple Relationships.* London: Karnac.

Morgan,M.(2005). First contacts: the therapists 'couple state of mind'as a factor in the containment of couples seen for consultations. In: F. Grier (Ed.), *Oedipus and the Couple* (pp. 17-32). London: Karnac.

Nicolò, A.M.(2016). Thinking in terms of links . *Couple and Family Psychoanalysis*, 6(2): 206-214.

Scharff, D. (2017).Treating the family ramifications of sexual difficulty. In:D. E.Scharff & E. Palacios (Eds), *Couple and Family Psychoanalysis: A Global Perspective* (pp.169-182). London: Karnac.

Scharff, D. E.,& J. S. Scharff (1987). *Object Relations Family Therapy.* Northvale, NJ: Aronson.

Scharff,D. E., & Scharff,J. S. (1991). *Object Relations Couple Therapy.* London: Jason Aronson.

第四章
治疗干预的理论框架和模型
蒂莫西·基奥和辛西娅·格雷戈里-罗伯茨

夫妻精神分析干预的起源

正如弗洛伊德最初所说，精神分析从无意识的角度承认了他人以及我们与他人的关系的重要性。这个观点奠定了"移情"这一概念的基础，而移情也是弗洛伊德理论的核心思想。弗洛伊德（1920）通过观察他的孙子玩棉线轴的情景，生动地记录了他对关系塑造个体内心世界的重要性的深刻认识，他在后来的元心理学著作中也进一步发展了这些观点。

这些著作为精神分析播下种子，帮助我们进一步扩展其理论体系，提出无意识由我们与我们的原初（依恋）对象的关系，即自体-客体关系所构建；我们与他人的联结是塑造这些内部表征的基础。因此，家庭成员之间形成的内部联结对构建个体心理世界具有重要意义。

尽管这些理论在不断发展，但在一段时期内，精神分析学家们很少关注这些理论在婚姻问题中的应用，而婚姻问题也影响着家庭中孩子未来心理病理的形成。弗卢杰尔（Flügel，1921）则独树一帜地用一整本书《家庭的精神分析研究》探讨了这个问题。书中，他预见性地指出：

　　个人在家庭这个相对狭小的世界中处理问题和困难所持的立场基本上可以体现出他在处理人类存在的重要问题时所持的观点和视角。（p4）

　　根据弗洛伊德的理论，后人如克莱因（Klein，1945）提出，我们不仅内化了自体-客体关系，还内化了基于我们所经历的现实夫妻（父母）关系的心理幻想所形成的夫妻关系模板。这些模板随后影响着我们无意识中看待未来亲密关系的方式。20世纪40、50年代，克莱因（1945）和费尔贝恩（1944，1952）在同一时期（需要强调的是各自独立地）拓展了这些理论。

　　巧合的是，"二战"后英国和其他地区的离婚率不断升高，婚姻问题开始备受关注，这也进一步促进了一些机构的发展，比如英国塔维斯托克婚姻处、新西兰家庭指导中心、澳大利亚墨尔本德拉蒙德中心等。百川归海，人们开始从精神分析理论中寻求对婚姻问题的指导。1948年，英国塔维斯托克人类关系研究所婚姻讨论处成立。大约在同一时期，澳大利亚和新西兰也成立了类似的机构（Keogh，2017）。

　　这些变化也推进了适用于夫妻和家庭的客体关系理论的发展。来自塔维斯托克的精神分析学家和心理咨询师们卓尔不群，特别是亨利·狄克斯（Henry Dicks，1967）提出夫妻共同人格（joint marital personality）的概念，约翰·宾-霍尔（John Byng-Hall，1985）强调家庭剧本和剧本的代际影响的重要性，莎莉·博克斯（Sally Box，1998）强调家庭中防御性共谋式的群体过程。鲁什奇恩斯基（Ruszczynski，1993）、库卢洛（Clulow，2001）和摩根（Morgan，1995）等当代学者在客体关系导向的方法上做出重要贡献，大卫和吉尔·萨夫在夫妻和家庭治疗实践的基础上撰写了客体关系导向的基础教科书（Scharff &

Scharff，1987，1991）。

萨夫夫妇（1991）对费尔贝恩的内部心理结构模型进行了最优化的改良，使之适用于夫妻二元关系。这个模型展示了自我不需要的（分裂的）部分是如何投射到伴侣身上，并同时保持一种有意识的和谐关系。因此，当生活中呈现出这些投射时，夫妻之间就会出现争论和指责，爆发冲突。

关于夫妻和家庭精神分析的一些其他重要发展，帕拉西奥斯（Palacios，2017）指出，拉丁美洲关于夫妻和家庭精神分析的思想受到"联结理论"的理论发展支持，该理论于20世纪60年代由阿根廷的皮雄·里维埃和约瑟·布莱格（Jose Bleger）提出。贝伦斯坦（Berenstein，2004）、皮热（Puget，2015）、凯斯（Käes，2016）以及最近的洛索（Losso）、德·塞顿（de Setton）和萨夫（2017）等学者进一步发展了这些观点。

在其他文献著作中，夫妻和家庭精神分析治疗在世界不同地区的发展历史也有详尽的概述（Scharff & Vorchheimer，2017）。

干预工作的框架

本书中提到的夫妻和家庭精神分析治疗的干预方法是从两种理论方法演变而来的，即客体关系理论和联结理论。联结理论（见第二章）的基本观点是夫妻和家庭的联结塑造了内部客体关系。该治疗框架同时也整合了以克莱因（1945）和费尔贝恩（1944，1952）为代表的客体关系理论，特别是克莱因提出的被广泛应用的观点：心理从一个原始的、未整合的位态（偏执-分裂位态）朝向一个更整合的（抑郁）位态发展，个体在这个过程中发展出把自己的感受与他人的感受区分开的能力，即消除自己对他人习惯性的投射。

我们进一步纳入联结理论来丰富之前构建的治疗框架（Keogh &

Enfield，2013），如果没有理解夫妻或家庭联结的转化性潜力，我们就无法充分领会内部客体关系及其对夫妻关系的调节作用（见第二章）。

　　基于客体关系理论，综合萨夫夫妇（1987，1991）、狄克斯（Dicks，1967）、津纳（Zinner，1976）、费尔贝恩等人的观点，如费尔贝恩提出的内部心理结构模型（Fairbairn，1944；萨夫夫妇进一步扩展，1991），我们提出夫妻和家庭治疗框架，用以理解自我如何分裂，如何导致夫妻之间这些问题的形成。费尔贝恩（1944）（运用理论强调了个体如何以关系需要为动力）解释了自我如何分裂为两个部分，即一个寻求关系的自我和一个对抗寻求关系的自我，分别对应于他提出的兴奋性客体和拒绝性客体。这一图示被整合进治疗框架中，有助于我们理解，比如，夫妻在投射之下是如何看待彼此的；作为一个拒绝性客体，他们会感到被谁束缚；作为一个诱惑性/兴奋性客体，他们会感到永远不可能被谁爱（Ogden，2010）。

　　通过结合奥格登（1989）提出的关于自闭-毗连性焦虑的心理体验模型，我们提出的总体治疗框架也关注了夫妻更原始的焦虑，该阶段早于偏执-分裂位态出现，与自我失整合阶段不同，这里还涉及自我的未整合（前象征）阶段。奥格登承认，自己的观点极大程度上受到塔斯廷（Tustin，1980）的影响，尤其是她关于心因性自闭症的观点，影响他的还有比克（Bick，1968）、安齐约（Anzieu，1993）和其他强调皮肤在心理发展中作用的学者的观点。奥格登描述了一种原始的心理功能模型，他称为"自闭-毗连"。他指出，这是一个涉及原始焦虑的模型，这种原始焦虑与一个未成形的心身自体有关，很容易受到未整合状态的影响。此外，他指出，这种未成形的自体（自我）在与他人的关系中具有融合的倾向，同时缺乏分化，缺乏与客体的界限。他称之为一种心理体验的感受性模式，身体的感觉（特别是皮肤感觉)创造了自我意识(the sense of self)。因此,在这一体验模式中,几乎不存在"心理皮肤"以提供环境去感受个体的内在和外在(Ogden,1989)。与这种体验模式相关的焦虑可能包括对消融(dissolving)、跌进虚无以及溢出(spilling out)的恐惧。

奥格登把弗洛伊德(1923)的"自我(ego)[我(I)]首先是一个身体自我"的概念与这种体验模式联系起来。他阐述了当病人在移情关系中呈现这种原始的功能模式时,治疗师会被当作一个自闭性客体被病人使用(Tustin,1980)(比如,这一自闭性客体能够帮助病人在自己和他人之间直接获得一种边界感)。温尼科特(1960)提出的"心身协作伙伴"(psychosomatic partnership)的概念也可以对应于这种体验模式,因为它描述了一种关系,在这种关系中,体验可以完全是躯体的,同时也可以完全是心理的。

针对具有丧失忧郁型反应的夫妻提出的短期干预模型结合了当代客体关系关于俄狄浦斯焦虑的观点,比如皮雄·里维埃的思想(Losso et al.,2017)。值得一提的是,我们赞同布里顿(Britton)的观点[关于弗洛伊德的初期概念的阐述(Freud,1924d)],在解决俄狄浦斯焦虑的过程中,个体容忍所谓的"第三方"(Britton,1989)的能力增强了。这一概念说明个体所依恋的客体也拥有其他关系,并要求个体感受并容忍"他人"或"第三方"的存在,(夫妻关系中)第三方亦被包含或被排除(Grier,2005)。布里顿(Britton,2004)认为,这一应对焦虑的过程培养了一种能力,即对另一个人的立场的觉知(这一点对夫妻功能很重要)以及从这个视角观察自己的能力。反过来,这个过程也促进了"自我反思能力"的发展(Fonagy & Target,1997;Fonagy,2001)。对于夫妻关系,这一心理功能的发展促使个体与另一个人的"心理婚姻"成为可能(Fisher,1999)。

皮雄·里维埃关于俄狄浦斯问题的观点帮助我们更好地理解了夫

妻，尤其是具有丧失忧郁型反应的夫妻。如洛索等人（Losso，et al.，2017）指出：

> 皮雄·里维埃……重新定义了三元联结的维度。他扩展了俄狄浦斯的范本，认为它也包含所有的三元关系。最初第三方以存在于母亲思想中的方式修正着母亲和孩子之间的联结，并延续该原则，即第三方的存在总是修正着双人联结。通过这种方式，个体从一开始就处于一个三元结构中，可以说早期的关系是*躯体二元（bicorporal）和人际三元（tripersonal）*的。因此，早期关系虽然表面上是二元的，但第三方的功能持续存在，从一开始就存在于母亲的思想里。同样，分析性场域是躯体二元的，即这个过程发生在受分析者和分析师之间，但一个（和更多的）第三方总是存在于双方的思想中，同时发挥着作用，这些第三方以这种方式扩展了分析关系的维度。（p131，斜体部分为作者补充）

奥格登（1989）提出，（由主体构建的联结推动的）心理发展可以被划分为一系列感受模式：自闭-毗连型、偏执-分裂型和抑郁型。在心理发展的各个阶段，焦虑的性质与"相应体验模式下的失连接（失整合）体验"有关（p132）。奥格登认为，在自闭-毗连位态上，这种失连接源于感觉聚合性和边界性的破坏。在偏执-分裂位态上，他认为迫害焦虑（失整合的状态）与自体和客体的分裂相关，在夫妻间则表现为对伴侣无止境指责的循环，并向对方投去自己否认的部分。在抑郁位态上，奥格登（1989）提出，该位态的焦虑涉及个体害怕发现自身指向客体的摧毁性感受（担心它已经形成破坏以及因此需要进行的修复）——摧毁整个客体关系。特别是俄狄浦斯焦虑，它是一种丧失忧郁型反应的倾向，而不是一种应对哀悼的能力。这些焦虑如果得不到解决，个体会感受到分离，感受到"他者"（otherness）带来的失连接感以及进一步出现的被排斥感。

从这个角度看，客体关系经历了三个心理发展阶段：首先，自我和他人处于一种感觉模式，自我倾向于与客体的感受融合；其次，自我难以调控的部分被分裂并投射给依恋对象；最后，自我分裂出去的部分被整合，他人被视为有别于自己的独立存在。心理逐渐朝向与客体分离的方向发展，一个人所形成的联结性质或促进或阻碍其发展。对此，重要的是，忧郁症个体无法对失去的依恋对象进行哀悼，因为依恋对象并没有被体验为与个体分离，但自己的一部分仿佛与客体一起死去了。

因此，当治疗师与经历丧失的夫妻一起工作时，需要记得皮雄·里维埃（Losso et al., 2017）提出的联结产生于主体与主体的关系，并通过客体关系的各个部分形成结构。因此，一种病态的联结（如自恋联结）会阻止心理成长，在忧郁症案例中便存在一种阻碍哀悼的契约或无意识的共识。凯斯（Käes，2016）指出，在防御联盟中，夫妻双方会达成一个无意识的契约，对他们心理缺损的部分一致采取不同的压抑、否认或忽略。

皮雄·里维埃（Losso et al., 2017）提出，在一个家庭中，"症状承担者"作为家庭中最健康的成员，因退行的联结被迫与家人捆绑在一起。

尼科洛（Nicolò，2016）指出，特别是在家庭中，

> 联结这一理论观点为我们理解病理现象和正常现象打开了一个新的视角。我们确实可以说，如果不考虑疾病之下特定的"创伤性联结组织"，就很难完全理解精神疾病，它不是一个人的问题，而是整个家庭的问题……（p212，斜体部分为作者补充）

在整合联结理论与客体关系理论的过程中（本书中并非所有作者都明确这样做），我们纳入了皮雄·里维埃的观点，而他的思想则较多受到克莱因和费尔贝恩的影响。需要特别强调的是，自我与其客体的联结（内部联结）是由与他人形成的外部联结的性质所决定的，比如夫妻联结或者分析联结。这意味着，个体在通过外部联结确认自身内部联结时，会受到他人主体性的现实状态的影响。皮热（Puget，2015）认为，我们最初的联结源于解决无助感的需要，并以一种"原始自恋联结模式"的形式存在。

在内部自体-客体关系方面，比昂（1963）率先提出了一个动态的、介于偏执-分裂位态和抑郁位态之间的摆荡的关系，他称之为PsD。我们之前提到的夫妻发展模型（Keogh & Enfield，2013）扩展了这些往复摆荡的关系（见图4.1）。

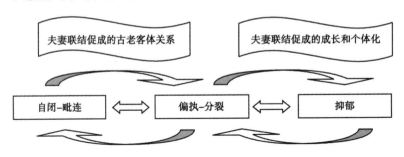

图4.1　夫妻功能的动态发展焦虑／联结理论模型

该模式描述了一个介于融合和个体化两个状态之间摆荡的心理功能以及相关联结的性质（特别是"原始自恋联结模式"），我们之前也提到，费希尔（Fisher，1999）提出夫妻关系连续谱——从自恋性伴侣关系到真正的心理婚姻关系。

在治疗的修通阶段，我们的模型强调内在动力，可能发生的进展和退行，以及修通过程中联结对这些过程的促进作用（见图4.1）。在整个心理发展的进程中，可能会出现一系列这样的进展和退行，比如，丧失的应激条件下，个体可能会退行到一个更原始的功能水平。

最后，如果我们承认心理发展的成长或停滞是由外部联结形成的，那么需要思考精神分析治疗师如何利用这些联结改善夫妻功能。

> 皮雄·里维埃扩展了克莱因关于内在世界的概念，在这个世界里，好的联结和坏的联结形成了"内部组件"（internal group），作为建构个体的一个心理结构。他认为内部联结通过外部联结持续与外部世界互动，而这种外部联结——即与他人的实际互动——既被内部联结所修正，又反过来修正*它们*。因此，内部组件构成的内部世界、熟悉的外部世界和更广泛的社交世界之间存在着持续的相互作用。即时的体验是非常重要的，个体与外部世界的互动也影响着内部世界，久而久之，彼此互相修正。（Losso et al.， 2017，p130， 斜体部分为作者补充）

因此，我们需要理解，作为主体存在的治疗师如何在分析联结中影响夫妻，转化又如何产生。

结合图示，各位读者已经大致了解我们提出的短期干预模型，接下来让我们来看看这些理论概念是如何在临床中应用的。

针对忧郁型夫妻进行短期干预的阶段

以下是一个关于短期干预模型的图示，该图示综合了我们的理论框架的基本特征，它适用于呈现未完成的哀伤特征的夫妻。

干预的目的是帮助那些失去孩子／年轻人而无法哀悼的夫妻。从心理动力学的角度看，哀伤和哀悼困难提示夫妻存在潜在的问题，这些问题往往与心理分离和个体化的发展性缺陷有关。

这一问题意味着自我的心理表征与他人进行了融合，引发了困感、全能感以及相应的破坏能力的幻想——这些感受会成为极度内疚的基础。

面对一对具有未完成哀伤特征的夫妻，我们需要明确他们目前的问题、他们的丧失经历、他们当前的内部心理结构反映的心理发展基础问题以及他们夫妻联结的性质之间的相互作用，我们称之为"未妥善处理的哀伤之三元图"（UGT）（见图4.2）。这个三元图是治疗修通阶段的工作重点。

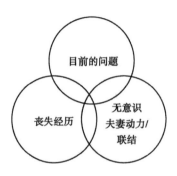

图4.2　未妥善处理的哀伤之三元图

夫妻治疗中短期干预是较常使用的方法，除非夫妻表现出严重的病理功能水平。对于特别有挑战性的夫妻，尤其是经历过治疗失败的夫妻，可以考虑联合治疗师。然而，治疗师在完成评估之前是不可能做出这些决定的，一旦决定进行短期干预，那么干预过程通常为十六次访谈，每周一次，其中包括两次评估/协商访谈。

第一阶段：协商和治疗构想

在两次初始访谈中，治疗师会评估夫妻寻求帮助的原因，他们如何诠释面临的问题，以及他们是否适合分析性心理治疗（亦见第三章）。随后，在这个过程中制定心理动力治疗构想。夫妻面临的危机可能会出现在分离阶段，在这种情况下，治疗师在评估过程中可能需要使用更多的探索性解释。探索性解释是一种有效的方法，可以确定夫妻是否能够开放地从夫妻心理状态的角度看待当前的问题，以及夫妻是否愿意允许治疗师将第三方立场带入夫妻关系中。这个过程能够帮助治疗师在初始阶段达成后续工作的协议。（Keogh & Cynthia Gregory-Roberts，2017）

夫妻同意治疗疗程及框架之后，最重要的初始任务是巩固治疗联盟，并为相关任务建立容器（用比昂的说法）。夫妻会逐渐发展出对治疗师的信任感和安全感，考虑到夫妻心理功能水平，这可能是一个缓慢的过程。因此，在这个阶段，治疗重点放在共情协同性（empathic attunement）上，让夫妻感受到被理解。维持"夫妻心理状态"（Morgan，2005）可能是一项艰巨的任务，特别是当夫妻中的一方迫使治疗师（们）认同对伴侣的负面看法时。在这种情况下，治疗师需要告诉夫妻双方，自己需要倾听每个人的经历，而不是站在判断是非对错的立场上。通过这种方式，治疗师促进了一种"容器-被容纳"关系的发展，同时也让夫妻认识到治疗师关注的是理解所发生的事情的意义，而不是评判是非。

这些治疗师-夫妻互动（共同构建的治疗联结）的精妙之处——包括处理移情和维护治疗框架——对支持处于原初心理状态的夫妻特别重要。同时，我们需要知道这种抱持夫妻的方式与容器的功能是不同的，后者需要一个实际存在的思想来处理他们过往的体验。容器涉及心理成长，包括同时关注体验的意识和无意识两方面。虽然这两个治疗过程在治疗的全部阶段都会涉及，但我们认为它们在处理原始焦虑时特别重要。如果不能解决这类焦虑，治疗师就不太可能进行有效的解释工作。

在治疗的初始阶段，我们也有机会详细了解夫妻关于母性、父性和夫妻关系的内摄，看看他们把哪些内摄带进夫妻关系和治疗关系中。治疗师通常可以采取这样的形式，即从会谈中获得的信息入手，例如，思考他们的原生家庭可能如何处理与他们目前所面临的类似的问题。与此同时，治疗师可以理解影响夫妻关系的"垂直"和"水平"联结的性质以及夫妻联结的性质，这些联结是促进还是阻碍了成长。在和具有忧郁型哀伤反应的夫妻工作时，我们特别需要明确是否有证据表明存在一个自恋型夫妻联结阻碍了夫妻间的分离过程（见第五章）。

第二阶段：修通

我们设定短期干预进行五次会谈之后，治疗进入中期阶段。治疗的中期阶段主要围绕如何用未妥善处理的哀伤之三元图（UGT）来理解夫妻问题的心理动力性假设，三元图侧重关注夫妻当前面临的问题、他们的丧失经历和无意识夫妻动力或联结之间的相互作用。然后，结合夫妻反复呈现的生活材料加以处理。皮雄·里维埃（Losso et al., 2017）将其描述为"此时此地与治疗师一起"，通过治疗师的实际存在，影响夫妻内部客体关系的投射，阻断一直持续在夫妻之间对夫妻关系毫无帮助的动力。

在处理丧失方面，我们特别关注识别和修正那些阻止哀悼进行的心理过程。这自然会聚焦到分裂和投射过程，因为它会"实时"表现在夫妻身上和对精神分析治疗师的移情中。通过这些过程，治疗师同样也能够识别和讨论夫妻共构的联结性质及其在心理发展中的促进或阻碍作用。

治疗的中期阶段共七次咨询，主要致力于修通这些问题。（第六章和第七章分别列举了一些相关治疗过程作为示范。）

表 4.1　描述发展性焦点、联结和治疗焦点的网格图

发展阶段	焦虑的性质	反移情 / 联结的性质	相关的防御 / 联结的性质	治疗的焦点
自闭 - 毗连阶段	对消融、溢出的恐惧和焦虑 / 跃进虚无的恐惧	强烈、压倒性的反应，通常是躯体反应 / 无法思考	对抗分离的防御 / 坚持相同性	首先是背景性地抱持，其次是涵容，较少聚焦解释
偏执 - 分裂阶段	与（外部或内部）被害和被攻击等感受相关的焦虑	感觉被理想化或被指责 / 匮乏感 / 在联结中相互达成共识	投射和分裂 / 不愿意面对原始的自恋联结 / 夫妻问题 / 联结加剧分裂 / 投射	投射（和分裂）性认同 / 解释（以治疗师为中心）
抑郁临界 / 抑郁阶段	与绝望相关的焦虑，或感到无法修复我的整合的水平逐渐提升相关	缺乏进展的感受 / 绝望的感受 / 无望 / （最终）悲伤 / 无望	躁性轻制，狂喜和蔑视，最终让位于对治疗师（客体）的重视和依赖	解释（并涵容）矛盾性，聚焦于对整合分裂的感受
俄狄浦斯期（偏执 - 分裂和抑郁两个阶段的亚阶段）	因被排斥 / 被忽视等感受产生的焦虑嫉妒	感到被排斥 / 活现的压力 / 与夫妻其中一方结盟	从原始到更抑郁的模式 / 无法容忍他人 / 矛盾性	对嫉妒、无法容忍他人 / 配偶 / 代际 / 性别差异等感受的解释

我们认为用表格（表4.1）能够清晰地描述发展焦虑水平、联结的性质和重要的治疗焦点，它作为一种治疗罗盘帮助治疗师定位会谈中任何时间点的材料。这些内容也可以在会谈之后的督导或同辈小组中进一步讨论。目前最新完善的表格纳入了夫妻联结的部分。

第三阶段：结束阶段

治疗临近结束，这是一个体验丧失的过程，本身就能够促进整合，这也是夫妻治疗总体目标的一部分。这个阶段，我们已经在对 UGT 和不健康的夫妻联结性质的认识和处理工作上取得了显著的成效，清晰地理解了夫妻以往的分裂和投射（或者一些更加原始的防御）。随着治疗容器的增大，夫妻能够逐步接受一直以来威胁性的情绪体验（不再需要逃避或使用原始的心理过程来应对它）。除此之外，精神分析治疗师需要对夫妻抑郁性焦虑的迹象保持警惕，尝试通过增强夫妻身上常有的修复性冲动来处理这种焦虑。

不同于个体精神分析方法，短期夫妻干预的治疗方法聚焦于使用 UGT 理解夫妻之间发生了什么，同时运用移情关系巩固这一理解。此外，它在很大程度上依赖于治疗师运用反移情作为指导，在会谈中追踪情感，与夫妻建立连接时才能更加积极主动。在短期治疗的结束阶段，治疗师还需要和夫妻一起回顾治疗过程，巩固已获得的理解，包括理解关系中的无效模式和使用这些模式的原因。

关于干预的一些结语

根据我们的经验，短期干预适合既往功能良好，不涉及严重的边缘或精神病性功能水平的夫妻。

虽然上述的短期模型（聚焦 UGT）包括三个阶段，但在实践中，这些阶段也会有所重叠。对于需要特定时限干预的夫妻，治疗通常不会划分为以上这些阶段。还需要向夫妻说明的是，在这一疗程的最后，治疗师会和他们一起回顾他们的进步，如果他们需要，也可以考虑延长干预。此外，我们通常也不把前两次会谈称作评估访谈，如奥格登所说，这样可能让夫妻觉得自己处于一种比较被动的位置（Ogden，1992）。

然而，在评估方面，虽然我们不会正式评估干预的结果，但会运用比昂的网格图（Bion，1963）对每次会谈进行后续分析，确定夫妻在哪些方面能够对他们的问题进行心智化或概念化。总的来说，我们通过评估夫妻的心理功能，他们对退行的功能模式的依赖减少程度以及他们共同的日常生活中的相关证据来确定治疗的进展情况。

本章旨在介绍我们提出的短期干预的基础理论框架，这一短期干预用于支持那些经历丧失出现忧郁反应的夫妻。同时，也说明了这一框架如何指导我们用短期干预的方式帮助有足够资源应对这一框架和对此类干预有需求的夫妻。接下来，本书的第二部分将阐述一系列的丧失经历。这些独特的临床案例涉及的干预措施和治疗构想都聚焦于特定的精神分析方法的治疗价值，同时，它们也反映了精神分析思想和概念在夫妻治疗中的重要意义。

参考文献

Anzieu,D. (1993). Autistic phenomena and the skin ego. *The Psychoanalytic Inquiry,* 13(1): 42-48.

Berenstein,I. (2004). *Devenir otro con otro.* Buenos Aires: Editorial Paidos.

Bick, E. (1968).The experience of the skin in early object relations. *International Journal of Psycho-Analysis,* 49: 484-486.

Bion, W. R. (1963). *Elements of Psycho-Analysis.* London: Heinemann.

Box, S. (1998). Group processes in family therapy: A psychodynamic approach. *Journal of Family Therapy,* 20: 123-132.

Britton, R. (1989). The missing link: Parental sexuality in the Oedipus complex. In: R.Britton, M. Feldman,& E. O'Shaughnessy (Eds.),*The Oedipus Complex Today:Clinical Implications* (pp. 83-101). London: Karnac.

Britton,R. (2004). Subjectivity, objectivity and triangular space. *The Psychoanalytic Quarterly,* 73: 47-61.

Byng-Hall, J (1985). The Family Script: A useful bridge between theory and practice. *Journal of Family Therapy,* 7: 301-305.

Clulow, C. (2001). *Adult Attachment and Couple Psychotherapy:The 'Secure Base' in Practice and Research.* London: Routledge.

Dicks, H. V. (1967). *Marital Tensions: Clinical Studies Towards a Psychological Theory of Interaction.* London: Routledge.

Fairbairn,W.R.D. (1944). Endopsychic structure considered in terms of object-relationships. *International Journal of Psycho-Analysis*, 25: 70-92.

Fairbairn, W. R.D.(1952). *Psychoanalytic Studies of the Personality.*London: Routledge.

Fisher, J. V. (1999).*The Uninvited Guest: Emerging from Narcissism toward Marriage.* London: Karnac.

Flüigel,J. C. (1921). *The Psycho-analytic Study of the Family.* London: Hogarth Press and the Institute of Psycho-Analysis.

Fonagy, P. (2001). *Attachment Theory and Psychoanalysis.* New York: Other Press.

Fonagy, P, & Target, M. (1997). Attachment and reflective function: Their role in self-organization. *Development & Psychopathology,*9(4):679-700.

Freud, S. (1920). Beyond the Pleasure Principle.*S.E.*,18: 14-18.

Freud, S. (1923).The Ego and the Id.*S.E.,* 19: 19-28.

Freud, S. (1924d).The Dissolution of the Oedipus Complex. *S.E.,* 19:171-179.

Grier, F. (2005). *Oedipus and the Couple.* London: Karnac.

Kaës,R.(2016).Link and the transference within three interfering psychic spaces. *Couple and Family Psychoanalysis,*6(2): 81-193.

Keogh, T. (2017).Couple and family psychoanalysis in Oceania: history, influences and development.In: D. E. Scharff & E. Palacios (Eds.), *Family and Couple Psychoanalysis: A Global Perspective* (pp. 33-39).London: Karnac.

Keogh, T, & Enfield, S. (2013). From regression to recovery: Tracking developmental anxieties in couple therapy. *Couple and Family Psychoanalysis,*3:

28-46.

Keogh, T, & Gregory-Roberts,C. (2017). The role of interpretation in the assessment phase of couple psychoanalysis. *Couple and Family Psychoanalysis,* 7(2): 168-180.

Klein, M. (1945). *Love, Guilt and Reparation.* London: The Hogarth Press.

Losso, R., de Setton, L. S., & Scharff,D. (2017).*The Linked Self in Psychoanalysis: The Pioneering Work of Enrique Pichon Rivière.* London: Karnac.

Morgan,M. (1995). *The Projective Gridlock: A Form of Projective Identification in Couple Relationships.* London: Karnac.

Morgan,M. (2005). First contacts: the therapists 'couple state of mind'as a factor in the containment of couples seen for consultations. In: F. Grier (Ed.),*Oedipus and the Couple* (pp.17-32).London: Karnac.

Nicolò,A. M.(2016). Thinking in terms of links. *Couple and Family Psychoanalysis,* 6(2):206-214.

Ogden,T. H. (1989). On the concept of an autistic-contiguous position. *International Journal of Psycho-Analysis,*70: 127-140.

Ogden,T. H. (1992). Comments on transference and countertransference in the initial meeting. *Psychoanalytic Inquiry,* 12(2): 225-247.

Ogden,T. H.(2010). Why read Fairbairn? *International Journal of Psycho-Analysis,*91:101-118.

Palacios,E. (2017).An Argentine approach to family therapy.In: D.E. Scharff & E.Palacios (Eds.), *Family and Couple Psychoanalysis: A Global Perspective* (pp. 7-10).London: Karnac.

Puget,J. (2015). *Subjetivacion discontinua y psicoanalisis. Incertidumbre y certezas.* Buenos Aires: Lugar.

Ruszczynski,S. (Ed.) (1993).Thinking about and working with couples. In: *Psychotherapy with Couples* (pp.197-217). London: Karnac.

Scharff,D. E.,& Scharft, J. S. (1987). *Object Relations Family Therapy.* Northvale,N: Aronson.

Scharff,D. E., & Scharff,J. S. (1991). *Object Relations Couple Therapy.* London: Jason Aronson.

Scharff,D. E., & Vorchheimer,M.(Eds.)(2017). *Clinical Dialogues on Psychoanalysis with Families and Couples.* London: Karnac.

Tustin, F. (1980). Autistic objects. *International Review of Psychoanalysis,*7:27-40.

Winnicott, D. W. (1960).The theory of parent-infant relationship. In: *The Matura-*

tional Processes and the Facilitating Environment (pp.37-55).London: Karnac,1990.

Zinner,J. (1976). The implications of projective identification for couple interaction.In:H. Grunebaum & J.Christ (Eds), *Contemporary Marriage: Structure,Dynamicsand Therapy* (pp. 292-308).Boston. MA: Little Brown.

第二部分

夫妻和家庭中的丧失：理论和实践

第五章
家庭通过退行的防御方式回避哀悼

安娜·玛丽亚·尼科洛和斯蒂芬妮娅·塔姆博纳

简介

　　家庭是一个有机体，负责其成员的成长，负责跨代、代际间幻想内容和认同模式的传递。这是因为家庭能够维持快乐，容纳成长的痛苦，毕竟从第一次分离开始，生命周期中就有许多关键时刻都伴随着修通精神痛苦的需要。为了维持这个修通精神痛苦的过程，哀悼的需要对整个家庭及每一位成员都提出了重大挑战。如果家庭能够维持和发展思考的能力，就有可能度过生命周期的连续阶段，随后再整合，并获得新的成长。与此相反，这些丧失经历也能催生防御机制运行，其目的是回避哀悼。其中一些防御是暂时的，而另一些是病态的（Freud，1917）。在家庭中，防御是人际的[1]，也就是说，防御由家庭成员共同构成，决定了家庭功能，并影响群体和个人的功能。

　　本章将重点介绍家庭成员为免受哀悼之苦而援用的防御，特别是可能产生的病理性防御，这被意大利精神分析师佛朗哥·佛玛瑞（Franco Fomari，1975）认定为"偏执的哀悼"。这一防御表明，个体由于采取以偏执-分裂模式为功能特征的机制而无法修通丧失。根据梅兰妮·克莱因（1984）的说法，通过修通丧失可以让个体保有所爱

---

[1]　指双人之间（interpersonal）和多人之间（transpersonal）。——译者注

客体的价值观。相反，如果他们不能修通丧失，就会与一个过去的理想化客体捆绑在一个致命的关系里。如此发展，最终导致思考和象征能力困难，并导致他们的精神生活陷入瘫痪和窒息。这种心理可以通过这样的思维状态加以说明，比如"如果我不承认失去了母亲，我就既想不起她也叫不出她的名字"(Kristeva，1989，p41)。

由于仇恨和愤怒以及对破坏或摧毁所爱客体的内疚和恐惧，修通丧失和哀悼的工作尤其复杂。为了在这种情绪风暴中存活下来，应对哀伤的偏执模式被激活了(Fornari，1975)。 也就是说，为了避免焦虑和内疚，偏执 - 分裂位的功能会被重新激活，而个体只有忍受焦虑和抑郁才能够发展到抑郁位(Klein，1984)。一切好的和重要的东西都被放置在个体自己和他们爱的客体身上，而一切坏的和与死亡有关的东西都被放置在一个外部的敌人身上。

根据福尔纳里（Fornari，1975）的说法，这种机制是战争的根源。人类不承认他们的仇恨和杀戮欲望。相反，他们常感到受对方的迫害，把自己的仇恨和毁灭愿望归咎于对方。我们可以发现类似的机制也在一些家庭中运作，这些家庭在哀悼丧失方面存在困难，也能看到这种心理功能模式将迫害者置于某个特定家庭成员的自我或整个群体之外。

临床案例

在家庭治疗过程中出现的关键问题，能够让人们发现一个在意识之外、埋在深处、未被哀悼的丧失网络所带来的影响以及家庭使用的相关防御手段，正是这些防御阻碍了家庭的发展。这些议题的发现促进人们理解家庭——在其生命周期正常发展中的过渡时期——所遇到的问题。失败的哀悼过程引发了僵化、混乱、疏远的退行性防御机制，这阻碍了健康的分离过程。接下来的案例讨论了家庭如何设法应对哀悼过程，处理个体化、分离、多样化以及因哀悼不足所致不利结果等问题。

来自临床工作的洞见：B家庭

B家庭的成员包括父母尼诺和玛丽亚，以及他们的两个儿子米开朗基罗和阿莱西奥，尼诺和玛丽亚不到60岁，两个孩子分别是25岁和21岁。这个家庭寻求帮助时正处在危机之中。特别是阿莱西奥，他不能很好地适应生活，企图自杀。这家人住在尼诺的家乡，玛丽亚是一个自由职业者，她在那里有间自己的办公室。他们有几处房子，这本身就成为这个家庭的一个主要问题。他们像游牧民一样在几个家之间来来去去，仿佛在漫长的朝圣中寻找一个欢迎他们的母亲般的地方，一个他们可以躲避侵扰正常生长的窝。

治疗开始于阿莱西奥面临巨大危机的时候，这场危机发生在几个月前，震惊了整个家庭。据阿莱西奥本人说，"多年来我一直担心我的父母和我的兄弟，现在终于轮到我了……我觉得我快疯了，我要爆炸了"。在经历了一次严重的危机后，阿莱西奥试图从他家阳台上跳下去。多亏了他父亲和兄弟的体力，才阻止了他自杀。从那时起，整个家庭系统就混乱了。

阿莱西奥的自杀企图实际上代表了一个绝望的呐喊，促使这个家庭前来治疗，也引发人们对家庭问题场景的关注。这场危机和他的"爆发"逐渐暴露出一个家庭的痛苦状况———一种不仅影响到他，也影响到整个家庭系统的巨大痛苦。他们寻求帮助时，呈现给治疗师的是一个病态且心理功能非常僵化的处于危机状况的家庭。

慢慢地，通过对家庭采用多样化和灵活的治疗设置，分别进行个体、夫妻和兄弟的治疗会谈，每个家庭成员都能够理解自己崩溃的缘由，并在其与家庭"联结"的背景下重新加以处理（另见第二章）。

长子米开朗基罗患有"Usher综合征"（一种罕见的先天性疾病，这种疾病会导致出生时听力丧失并逐渐丧失视力）。他在一岁半的时候被诊断出患这种疾病，随着青春期的到来，病情恶化了。毫无疑问，这种器质性疾病使家庭成员把注意力集中在他身上，又因为他是长子，大多数的照顾都是围绕他的（以补偿为目的），因此导致父母对阿莱西奥感受的严重忽视。

治疗很早开始就涉及配偶原生家庭的情况。通过追溯这些相关信息，可以确定这个家庭中出现的重大关系问题（包括家庭内部成员之间和外部成员之间的关系问题），他们彼此之间无法分离或分化，并且不会自动地将这种分离与彼此之间强烈的情感破裂联系起来。由此，我们感受到，这种病态辐射到每个家庭"联结"、每一代和每一个父母层面。我们最初推测，配偶的原生家庭在分化和分离能力方面存在着固有的缺陷。代际、角色和性别似乎已经被混合并压缩成一个单一的未分化的聚合物，因此，自我的边界受到严重破坏。

尼诺的原生家庭与一个酒吧的历史联系到一起，这个酒吧在家族中通过母系传承了下来，记载了这个家庭所历经的沧桑和兴衰。祖父母目前80多岁，他们有三个女儿，只有尼诺一个儿子，尼诺是第二个孩子。整个家庭系统似乎都围绕着酒吧运转，并出现了相应的虐待动力，以至于所有的家庭成员似乎都过着"母亲缺位"的生活。

尼诺从年轻时就在酒吧工作。他谈到家庭成员之间一直存在的相处问题，并特别提到了酒吧经营不善、管理松散，而其他家庭成员没有参与经营，却仍想从中获利。由于尼诺生性被动，遇到妻子前，他一直容忍这种情况。相比之下，他的妻子立即就注意到酒吧里存在的欺诈和盗窃行为，而她的丈夫一直拒绝承认这些。

后来，尼诺起诉了他的亲戚并换了工作，但他仍然是家族企业的合伙人和共同所有者。他的姐妹们在经营中继续着欺骗行为，直到收到税务局的巨额罚款。尼诺与他的原生家庭没有了联系，并将这一切的疏远归咎于妻子。尽管这一决定意味着巨大的资金投入（考虑到家庭经济状况不是很好），尼诺和玛丽亚还是决定保住他们的份额，以免在母亲去世时失去他们的遗产。

玛丽亚家族史的叙述始于她的父亲，父亲是一位著名的法学家，也是一个神话般的人物。她的父母在情感上都很冷漠，特别是母亲，她有"许多心理问题"。玛丽亚的母亲精神萎靡，被丈夫严重忽视。而她对丈夫的占有欲极强，对孩子却很疏远。玛丽亚的家族史中有一个家族秘密，那就是她的外公有两个家，过着双重生活：他在美国有一个家，在意大利还有一个家，他强迫意大利的妻子工作，以便向生活在美国的家庭寄钱。

虽然她的父亲认为女人不应该学习，但玛丽亚和她的兄弟一样，成为一个公认的专业人士。为了从原生家庭中挣脱出来，玛丽亚在26岁结婚，尽管这在一定程度上减缓了她的专业发展。结婚两年后，她生了第一个孩子米开朗基罗，四年后又生了第二个孩子阿莱西奥。因为内心深处的失败感和不稳定感，40岁的她经历了一场严重的危机。不过，这场危机后来却促进了她的事业。她创立了一间工作室，开始专心于她的职业发展。

玛丽亚的故事传达了一个遭受严重多重创伤、无法摆脱灾难性的受损自我的妇女形象。她把自己描述为一个"牺牲的受害者"，是整个家庭遭受迫害体验的承担者。这一受害者形象带有一种无意识的观念——帮助他人就意味着面临被驯服和被奴役的高度危险。因此，她对儿子和丈夫的愤怒经常会在治疗中出现，她的愤怒由来已久，主要是一种对未能帮助她的原初客体的愤怒。就好像在玛丽亚内心有一个致命的内核，里面住着一个死去的母亲，她的内在世界内摄了一个冰冷的母亲。这个内在客体形成了她具有施虐性和挫败性的自我部分，也破坏了她对自己和他人共情能力的发展。

无法进行的哀悼

这个家庭的痛苦源于父母各自原生家庭中复杂的关系。他们中的每一个人不仅是一些创伤的承载者，同时这些关系中的一切似乎注定要被摧毁。只有治疗师在场的情况下（正如家人多次指出的那样），这个家庭才能产生思考和创造力。这并不意味着他们每个人都缺乏活泼、创造性的一面。然而，当他们在一起时，致命的破坏倾向——彼此回避、否定、投射和见诸行动——占上风；他们在"相爱相杀"的矛盾动力下，以如此偏执、具有破坏性且缺乏思考的方式，维系着整个家庭(Fornari，1975)。

这个家庭似乎是由一种看似无法哀悼的疾病和分离构成的。哀悼呈现出一种攻击和威胁的性质，人们必须不断地远离它来保护自己。因此，人际间迫害偏执性的防御被认为是一种阻碍哀悼修通的因素。在这个家庭中，有三种显而易见的防御：利用一个死者的神话；保持一位已故家庭成员的影响力；集体偏执性地处理哀悼。

人们通过确定他人有罪偏执地处理哀悼，并在惩罚他人中得到安慰（另见第一章）。因此，他人的死亡或遭受的惩罚被视为对遭受丧亲之痛的问题情境的一种补偿。正如福尔纳里（1975）在《战争的精神分析》中所说的那样，所发生的事情不只是死亡所带来的焦虑，根据克莱因学派的说法，这种焦虑与母亲死亡有关。当一个事件被认为具有威胁性时，偏执 - 分裂状态就会出现，它一下子侵占人的大脑，不会给人留下任何思考的空间。因此，处理哀悼的过程中产生的偏执想法，不仅为家庭防御了所谓的外部敌人，也防御了被放置到外面的实质上是内在的敌人。

整个治疗过程中，治疗师和家人都有机会通过不同的"切入点"

触及连接家庭成员的联结点。显然，每个家庭成员的行为都同时代表着自己和整个家庭系统。因此，治疗中可见各种动力在几个层面上交织：个体内在、主体间和多人间。

母亲方面，第一个多人间防御：已故外祖父的神话

从首次家庭访谈开始，外祖父的神话形象就开始成形。他早在一年多前就去世了，但对于他死亡的哀悼至今仍然是未经处理且被否定的，他的死深深植根于每个人的记忆中。他是一位遵守法律、正直诚实的人，但也有些严厉、不通情理。同时，他也是一个慈爱、细心的外公，他是第一个也是唯一一个在他的孙子阿莱西奥崩溃之前就注意到阿莱西奥萎靡不振的人。在这些方面，他是一个非常有力量的人，所以很快就成为一个代际传递的客体。这个家庭坚持以他的名义举行仪式化的庆祝活动。即使是仅仅为了模仿团结、有凝聚力的家庭理想模式，从已故的外祖父和他神话般的价值中衍生出的代代相传的禁令也能把所有家庭成员召集在一起。

因此，这个神话是"相沿成习"的，作为集体产物，它无形中被从一代人传递到下一代人，并有助于组织家庭的幻想世界 (Nicold，2014)。这位外祖父身上保存着"思考功能"(Meltzer & Harris，1983)，以致他的死亡给阿莱西奥和整个家庭带来很大的痛苦。在这种情况下，治疗师想知道，面临哀悼的家庭成员在多大程度上能够既认同死去的父母，也认同父母所拥有的或者被赋予的职能或地位。因此，记忆必须保持这一功能（在中断和失去之前）的完整，用一种新的"充实"感来抵消由此产生的"空虚"感，以维持家庭系统功能的延续。

在这一背景情况下，阿莱西奥在家庭治疗开始三个月后做的那个梦就显得特别重要。死去的外祖父出现在他的梦中，他第一次在治疗

中发言："我梦见我的外祖父和我说话……这是他第一次在梦中和其他人说话，因为他通常只是出现。他对我说：'让朱塞佩去关注他关心的事情，你做你该关心的事'。"在这个梦中，外祖父作为第三方被赋予了发言权。他不再是一个生病的父亲，一个被疯狂的妻子或死去父亲所控制的失去功能的客体。相反，他是一位父亲，使用有区别的语言（"各得其所"："把适合朱塞佩的留给朱塞佩，适合你的留给你。"）。

在这个梦中，移情的意味十分明确，但在它的"多义维度"中（Nicolo，2000），它代表了家庭自我潜在出现第一次分化。秉承"各得其所"的宗旨，他们走向各自独特的历史源点。这一个梦标志着治疗师可以开始和他们讨论关于这位外祖父的禁令和家庭运作的方式，诸如他给予了什么，他又拿走了什么，什么限制了他们，他们想把什么和他一起埋葬。这一心理进展终于可以让他们为逝世的外祖父举办一个幻想中的葬礼了。

父亲方面，第二个多人间防御：在世祖母尸体

随着时间的推移，尼诺显现出他的怪癖和破坏性。他既不知道如何，也不想为孩子、家庭、自己和自己的身体承担责任。他根本不参与，处于一种他妻子多次谴责的特殊的"被动攻击"状态。他明显无法与他的家庭分离。对酒吧的继承，是他和他的兄弟姐妹从母亲那里分到的唯一的好东西，所以他决不肯放弃。因为酒吧不仅代表金钱，还代表了母亲本人。他们不愿意让母亲死亡，只要酒吧还存在，母亲就一直"活着"。他们互相起诉，以便得到母亲身体的一部分。

在这个案例中，哀悼似乎构成了一个深刻且未被详细阐述简单的核心，它成了一种阻止当前家庭中新一代人分离的动力，使得整个家庭沉浸在"割下鼻子和脸过不去"的重复逻辑中。无论是在他的新家

庭还是在心理治疗中，父亲都表现出对治疗、对能够促进改变的方法的阻抗。

群体幻想中的致命分离

团结一致的神话使家庭体验到归属感和保护感，但家庭也需要一些灵活性，否则，成员可能会感到幽闭般的监禁感。以下材料描述了分离体验的两个不同的层次：

> 1) 内在层次：与客体的分离被认为是个体对自身历史和身份的部分丧失；
> 2) 主体间层次：分离被痛苦地感知为家庭自我的弥散。这个家庭的运作模式似乎陷入了一种"所有人团结在一起"的幻想中，这种幻想不允许出现任何分化。分离被视为是谋杀他人或被他人谋杀，分离意味着家庭的毁灭。结果是，一种秘密杀人、杀害子女的谋杀幻想形成了。

这一问题在圣诞假期结束后家庭恢复治疗的一次访谈中出现了。

> 尼诺开始嘀咕一些难以理解的事情。治疗师邀请他解释自己的观点。随着气氛越来越紧张，他表达了对这种"疯狂"的反对，声称"这里的每个人都疯了 …… 没有人理解这里的任何事 …… 你正在破坏我们整个家庭"。当他表达这些想法时，他整个人越来越不安，他愤怒地对米开朗基罗说："去吧，做你想做的事！你想去日本？那就去吧。你想换个地方？ …… 那就去租个地方吧 …… 把全家都毁掉。"然后，他转向妻子，"你，你比他们更疯狂 …… 我们都快破产了，你却还在疯狂地消费 …… 我们最终将陷入赤贫。"这些话对两个儿子产生了沉重的影响。阿莱西奥开始对他的父亲大喊大叫，用

恶毒的脏话咒骂他，带着强烈的攻击性问他："说吧，说说你为什么不想米开朗基罗离开家 …… 是他的钱对你有用吧。"米开朗基罗虽然愤怒但仍然保持冷静，他看着我的眼睛告诉我："这 …… 这就是当一个人只想着自己时会发生的事情。"（第70次会谈）

在这段对话中，我们看到了父母感受到的分离焦虑，他们反对儿子追求独立和个体化，并对此作出了激烈的反应。母亲不停地阉割儿子的个性，而父亲报以深深的内疚。儿子们的分离是不可能实现的，因为分离意味着自恋投注的爱的客体的丧失、部分自体的丧失以及金钱的损失。迫在眉睫的灾难往往转化为家庭经济崩溃的幻想，每个人，特别是生病的孩子，都必须提供帮助。通过这种方式，家庭以盗窃和滥用资源为基础建立了一种联结，这种联结重现了父亲家庭酒吧模式的功能，也重现了母亲家庭模式的功能，即外公强迫他的妻子支持他隐藏在美国的第二个家庭。

儿子的疾病：阻止分离的离奇事件

这个家庭还有另一个重要特征，即疾病维持了家庭一致施受虐的部分。疾病所扮演的无意识角色是一把双刃剑。米开朗基罗利用自己的疾病让母亲的注意力集中在他身上，否则母亲可能永远都不会这样做。反过来，家庭利用病人迫使大家陷入停滞状态。留给阿莱西奥的只有面包屑了，这也令他变得残暴、充满攻击性。除此之外，他还觉得他必须患一种疾病，与自己的兄弟竞争看看"谁病得更重"。两兄弟有同样的被看见的需要。在米开朗基罗身上，这种需要以生理方式表达，在阿莱西奥则以心理的方式表达出来。

从哀悼中获得的希望

心理治疗逐渐促进了米开朗基罗分化能力的发展，使他能够对丧失进行哀悼。随着治疗的深入，米开朗基罗允许自己表现出愤怒，而不担心它会破坏自己和他人的关系。通过这种方式，他开始意识到需要完成对自己疾病的哀悼。而他的父母，却一直没有哀悼的能力。

以下临床材料说明了这一问题。有很长一段时间，米开朗基罗幻想自己租一整栋房子。

> 分析师询问米开朗基罗是什么阻止了他在住房问题上的自主决定。"好问题啊，医生！"米开朗基罗大声说道，"问问他们吧……"他的父亲一听到这个问题就说："去吧，随你怎样。毁掉这个家吧。"他的母亲虽然今天鼓励他，但明天可能就阻止他。他父亲插话说："好吧，我希望家里的战争最后会结束！（……）上帝保佑我们！"治疗师强调，只有当家里所有人都死了，战争才会结束。我们能继续工作的唯一方式就是还留有幸存者，而这只会在家庭中每个人都能尽一份力时发生。

对过程的评估

在漫长的治疗过程中，有许多人扬言要退出治疗，仪式化或重复分离的创伤使他们产生一种倾向，即采取与治疗师分离的方式来阻止家庭成员之间的分离。当儿子们开始寻求独立时，这对夫妇变得非常害怕，做出攻击性的反应，并危及分析工作继续进行。这些攻击具有双重作用：它们既攻击家庭自我（自虐），也攻击孩子(施虐)。

一个新的幻想被揭示出来，即父母希望治疗师可以成为值得托付的好父母。因此，母亲能减轻自己的负担，父亲也能继续避免负责孩子的生活。在一个特别重要的节点上，这对夫妇的问题暴露了。他们之间完全没有性行为［母亲方面的原因是性交疼痛（性交困难）。父亲方面的原因是包皮（包茎）的萎缩］。这一问题的出现引出这一假设——彼此憎恨的男人和女人，即使婚姻破裂，心理上仍然是无法分离的。

在这些困难的阶段，可变的治疗设置对分析工作是有用的，因为它能够重新分配家庭功能，并允许每个家庭成员调整自己的焦虑和其他情绪。兄弟之间的家庭子系统受益于这种设置。当他们觉察到自己受控于父母的关系时，能够更好地表达心理上的不适。这使他们能够表达分离和独立发展的需要，通过强调界限加深兄弟之间的关系，逐渐进入真正的成年。同时，这也使对已婚夫妇的父母功能进行工作成为可能，探索作为伴侣无法联结的痛苦。最后，家庭多人间、代际间和主体间的动力揭示出家庭联结中的关键症结，治疗师和家庭可以就此逐步进行工作。

结论

治疗工作的一个成果是，一个陷入病理性稳态的家庭，从躯体模式上和混乱的心理状态上逐渐变得分化和分离。比昂（1962）指出，变化可能会带来一种灾难感。同时，这也表明治疗正取得进展——它动摇了家庭的精神病性功能。任何治疗的深入都不得不经历痛苦或危机，面对这个家庭泛滥的危机，治疗师往往濒临灾难性的停滞和退行的边缘。然而，这时也可能瞥见一种积极的、具有发展意义的、对联结有潜在转化作用的解决方案，这一瞥可能激发了家庭自我以及与之相关的他人的修复和创造的希望。

参考文献

Bion, W. R.(1962). *Learning from Experience.* New York: Basic Books.

Fornari, F. (1975). *The Psychoanalysis of War,* A. Pfeifer (Trans.). Bloomington, IN:Indiana University Press.

Freud, S. (1917). Mourning and Melancholia.*S.E.*,14: 237-258.

Klein, M.(1984). *Love, Guilt and Reparation and Other Works 1921-1945(The Writings of Melanie Klein, Volume 1).* New York: Free Press.

Kristeva,J. (1989). *Black Sun: Depression and Melancholia,*L. S. Roudicz (Trans.),New York: Columbia University Press.

Meltzer, D.,& Harris,M. (1983). *Il ruolo educativo della famiglia.* Turin: Centro Scientifico Editore [*The Educational Role of the Family*]. London: Harris Meltzer Trust,2013.

Nicolò,A. M.(2000). Il sogno nella psicoanalisi con la coppia e con la famiglia[Dreams in couple and family psychoanalysis]. In: A. M. Nicolò & G.Trapanese(Eds.),*Quale psicoanalisi per la coppia?* [*What Psychoanalysis for the Couple?*] (pp.239-257). Rome: Franco Angeli, 2005.

Nicolò , A. M.(2014). Family myths and pathological links. In: A.M. Nicolò,P. Benghozi,& D. Lucarelli (Eds),*Families in Transformation* (pp. 279-291). London:Karnac.

第六章
一盏照亮过往悲剧的灯：
创伤性的代际丧失和夫妻[1]

朱迪斯·皮克林

简介

本章首先讨论了比昂的个人经历以及相关理论，这些内容能够帮助我们更好地理解未被消化的代际丧失。

比昂（1970）从客体关系理论中发展出一种新的思想理论，即忍受挫折的能力和承受心理痛苦的能力是促进心理成长的关键因素，而无法容忍挫折和逃避心理痛苦则会阻碍心理成长，其中的关键词是"容忍"，因为比昂观察到了"感受"痛苦和"容忍"痛苦之间存在着差异：

> 存在这样的人，他们无法忍受痛苦或挫折（又或痛苦或挫折是如此难以忍受），他们会感受到疼痛，但不会忍受疼痛带来的痛苦，所以不能说发现了它……对病人来说，无法忍受痛苦的，也无法"忍受"快乐。(Bion，1970，p9)

---

[1] 本章以即将出版的一本书中一章的材料基础：Pickering，J，*Transformations in Love Beyond the Couple：An application of the Clinical Theory of Bion to Couple Therapy*，Routledge.

当一个人无法忍受痛苦时，也被剥夺了这样的个性，即承受自己和他人的一系列其他情感体验的能力，包括哀悼另一个人的丧失、同情另一个人的痛苦或爱另一个人。虽然我们都很希望"减少痛苦本身"，但在"分析性体验"中，真正应该做的是增加容忍痛苦的能力 (Bion，1963，p62)。

正如第一章所描述的，比昂的思想认为忧郁是对心理痛苦的逃避。夫妻在治疗中往往会呈现出一个夫妻共享的无意识过程，用它们共谋以避免遭受这种精神痛苦的这个过程也剥夺了他们获得关系中真正的快乐、活泼和成就感的可能。

比昂：哀悼与忧郁

比昂自己有过深切的哀悼经历。第一次世界大战期间，他作为一名陆军军官，在战争期间出现了非常严重的心理创伤，以至于他觉得自己死了：他的身体活了下来，但他的灵魂已死。"我不会靠近亚眠-鲁瓦（Amiens-Roye）路，因为我死在那条路上，我害怕遇见我的鬼魂。尽管灵魂应该死亡，但身体永远活着。"(Bion，1991，p257)。

在比昂的自传中，他表现出一种弥漫性的精神死亡感，并伴随着忧郁的自我憎恨和内疚，这也渗透到他的人际关系中。他形容自己是空洞的、"不讨人喜欢的废物"(Bion，1985，p19)，一个没有灵魂的躯壳。生活处处充满了"挫折、徒劳、愤怒和屈辱"(Bion，1985，p46)。

因此，比昂不只是遭受了战争创伤，而且出现了许多符合弗洛伊德（1917）描述的忧郁症的人格特征，其主要的依恋关系性质和因丧失所致的退行水平都容易引发忧郁反应的出现。

比昂对战争创伤的反应似乎根源于他童年时期经历的一系列的挫折——涵容失败、母亲遐思功能的缺乏和来自母亲的"无名恐惧"

（Bion，1967），这些挫折使他具有忧郁体质。他觉得自己只不过是"一个内在已经逃脱，只剩下躯壳的男孩"（Bion，1982，p104），一个被囚禁在空壳里的废物，既不能在情感上与他人交流，也不能忍受自己内心的痛苦。

弗洛伊德认为，哀悼和忧郁都是"失去所爱的人之后的反应，也是失去诸如国家、自由、理想等某种抽象概念之后的替代性反应"（Freud，1917，p243）。同时，他认为忧郁与哀悼不同，忧郁涉及一种极其严重的自尊（self-regard）障碍（另见第一章）。忧郁体验包括：

> 一种极度痛苦的沮丧心情，失去对外界的兴趣，失去了爱的能力……自尊感降低到不停地自责、自怨自艾的程度，极致情况下发展为对惩罚的妄想性期待。（Freud，1917，p244）

因此，比昂的个人经历类似于夫妻关系中忧郁反应的前因和后果。这一主题将结合下文提到的一对夫妻——"阿雅和乔"的临床婚姻咨询案例进行讨论，说明上一代夫妻未被哀悼的丧失所带来的影响和"连锁创伤情境"（interlocking traumatic scene）的概念 (Pickering，2006，2008)。

在夫妻精神病理学方面，有人提出，严重的心理创伤，如比昂在第一次世界大战中所经历的创伤，引发了对丧失的忧郁反应（其易感起源早于所讨论的创伤），抑制了个体发现、创造和享受充实关系的能力。这种关系性创伤也可能以"有毒的嫁妆"的形式传播给后代（Pickering，2006），其中包括无意识的、未解决的代际创伤问题。因此，后代可能承担着父母无法应付的可怕的心理负担。这些负担就像一个怪物，被父母当成"有毒的嫁妆"扔给他们的孩子。反过来，这种嫁妆可能会造成精神病隐患（另见第五章）。因为接受者不能消化另一个人早期的、不可理解的、难以想象的"β 元素"，除非他具备一些必要的心理条件——通过理解、修通及真正容忍这些创伤的体验来涵容这一切。

比昂的战争经历具有极大的创伤性，这让他十分痛苦，也给他的人际关系带来了灾难性的影响。比昂的自传中充满了"自尊困扰"和在亲密关系中体验到的苦涩、愤世嫉俗和不信任的情绪。在接下来的生活中，每当感受到爱情要陷入这个情感死亡地带时，比昂发现自己原来无法真正地去爱。

在比昂的生命历程中，他经历了多次丧失，包括他离开了印度的家乡，被送到英国寄宿学校后也失去了与父母的联系，失去了他心爱的保姆，然后在战争期间又失去了众多同胞。痛苦的是比昂又经历失去他第一次浪漫的爱情。他的爱人在接受他的求婚不久就抛弃了他。用比昂的话说："这不好笑，很伤人。现在仍然很疼。"（Bion，1985，p26）

按照依恋理论，比昂在他生命这一阶段的依恋风格可以描述为先占型（矛盾型）依恋，正如施特勒贝、舒特和施特勒贝（Stroebe，Schut & Stroebe，2005）提出的"会使一个丧亲者充满着以依恋丧失为主的先占情绪"(p4）。被拒绝和面临丧失的伤口不断恶化，他在表达对爱人的矛盾心理时所用的嘲讽语气也是如此。"毒液的剂量确保伤口不会……被无菌处理，但会一直溃烂，暴露创面。"（Bion，1985，p27）他还观察到，他和自己的情人都爱上了一个投影，一个单薄的平面身份，而不是一个真实的人："两个人疯狂地冲向完美结合的幸福情感状态，逃避发现真实的痛苦。"（Bion，1985，p30）

然后，比昂遇到了一位女演员贝蒂·贾丁，在1943年与她结婚。

他希望贝蒂：

不要揭穿这个安慰性的谎言——（在外人看来，）他是一个真正的男人、一个英雄，而不是一个虚有其表的男人，卡在宇宙无意义感的人造假人和利用精神分析手段欺骗于毫无意义的那些精神分析信徒们，让他们相信有真正的灵魂存在，渴望人性……"地狱的钟声叮叮当当地敲响"，为她而不是为我。肉体会永远存活。（Bion，1985，p60）

1945年，当贝蒂生下他们的第一个孩子，帕台诺普，比昂在生产时没有出现。他当时在诺曼底和爆炸的受害者一起工作。贝蒂在生产三天后死于肺栓塞。比昂接到电话时，很快接受了这个事实，因为毕竟"死亡是生命的必然"（Bion，1985，p27）。与忧郁的反应一致的是，比昂把爱人的死亡归咎于自己。他说，"我觉得是我害死了她，我没有在她临盆的时候陪在她身边"（Bion，1985，p26）。"是什么害死了贝蒂，还差点害死了她的孩子？身体畸形？不称职的产科医生？冷酷无情或者无动于衷的当局？还是因丈夫离开而被暴露出来的狂响的空心鼓？"（Bion，1985，p62）

因他的离开而狂响的这个空心鼓不仅代表他的人不在场，而且他的精神也是空的。也就是说，直到发生某种心理修复的奇迹，给他的精神注入一种新的生命和爱，这个鼓才变得实在。

主体间的修复：弗朗西丝卡、比昂和O

如果比昂在精神上死了，那么"那些同样的白骨"是如何重生的呢？（Bion，1991，p60）比昂通过爱的转化能力获得了精神上的重生。1951年3月，比昂在塔维斯托克诊所遇到了一位研究助理，她是一位年轻寡妇，名字叫弗朗西丝卡。对比昂来说，爱上弗朗西丝卡是一个奇迹，意味着恢复和重生，他进入了一种新的存在模式："亲爱的弗

朗西丝卡，对我来说你是一个奇迹，一个我不明白也永远不想理解的奇迹。有你在已经足够了。"（Bion，1985，p82）

对我来说，过去不过是徒劳、无聊、恐怖、无意义的，现在我的世界被爱的光芒照亮："我觉得有一件事能够使一切都成为可能，那就是你我之间永恒的爱，即使在这个充满不确定和痛苦的世界里也不能轻易动摇。"（Bion，1985，p82）

弗朗西丝卡和比昂两人彼此的爱也改变了他对自己的看法。他说："我将是一个非常快乐的人，对现在的一切心满意足……我们将有一个真正幸福的家，也能够将这种幸福分享和传播给其他人。"（Bion，1985，p91）

这里提出了一个问题——如果不是生活本身，那么治疗关系、夫妻关系和个人内在的心路历程是怎样促成反思能力，改变结构并修复过去的创伤的呢？显然，个体和夫妻治疗提供了一个治疗性空间，一个治疗过程和一个有益于转化的关系。在这样一种治疗关系中，人们可以揭露、面质和修通无数的心理障碍，以使生活和爱更好。然而，根据比昂的说法，并不是分析带给他迫切需要的灵魂愈合，而是他爱上弗朗西丝卡并和她一起生活后对真理的探索治愈了自己。在遇见她之前，他以一种自我分析的形式探索自己那灼热而诚实的灵魂。他开始学会真正忍受而不是逃避痛苦。对比昂来说，正是这一段充实的亲密关系本身以及他对真实情感和终极现实的终身追求，最终带给他转化的潜能，他获得的不仅是知道（knowing），还有心理的疗愈、新的生活、丰富的创造力和真正的幸福。

与皮雄·里维埃提出的联结理论相关（见第二章），比昂是第一批承认主体间性的精神分析师之一。他认为情感体验总是具象地嵌入在关系中的："情感体验不能孤立于关系之外。"（Bion，1962，p42）关系和主体间性分析方法对更早期的心理和个人主义倾向的分析观点提出了挑战，认为核心心理过程离不开关系矩阵。治愈关系中的创伤和未解决丧失，修通生活和爱的关系中的心理障碍，都需要在这个关系的熔炉进行。有时，这个关系熔炉是分析，有时是夫妻治疗，有时是简单的生活和爱本身，有时是这三者一起发挥各自的功能。

从那时起，比昂与弗朗西丝卡的关系深刻地启发了他的临床思维和写作过程，也成为弗朗西丝卡和他的孩子们可持续享受一生的快乐和灵感。

临床案例

接下来我们来看一个现代的案例，以理解代际传递中的创伤性丧失对夫妻功能的影响，以及比昂的理论，特别是选择性事实（the selected fact），如何修通这些问题。该案例还表明，自恋水平较高（对忧郁症有诱发作用的因素）的夫妻功能如何给治疗师在修通未处理的丧失时带来更大的挑战。

介绍机制

在接下来的临床治疗片段中，未处理的代际丧失的影响从开始就被作为微妙的音符引入。随着治疗师和夫妻开始共同的工作后，这些音符将逐渐演变成一个连贯的旋律。

治疗师第一次与这对夫妻接触是在接听转诊电话时。一个女人用简短的话语迅速地解释了为什么她需要夫妻治疗。

"我叫阿雅 [1]。我的男朋友乔和我已经交往了9个月，但我们这段感情马上就要走到尽头了，我也不想再浪费时间。"

一周后，阿雅拖着一个不情愿的男人走进了咨询室。在我们坐下

---

[1]　在本章使用的临床实例中，所有身份信息都已更改，以保证匿名性和保密性。

来之前，阿雅有些专横地说，如果她的男朋友乔在此次治疗结束前不求婚，那就能简单地证明自己原来的看法是对的。乔一下瘫倒在椅子上，仿佛希望沙发布能把他完全包裹起来。

阿雅不屑地说道："看，这正如我想的那样。到这儿来都是在浪费时间。"

随后阿雅解释了她是如何通过一家婚恋中介公司认识乔的。在这之前的追求者都没有达到她的择偶标准。阿雅解释说："我正觉得对感情失去希望的时候，乔出现了。"

治疗师建议这对夫妇给他们自己一点喘息的空间来思考现状背后可能发生的事情。

这对夫妇的背景

在随后的会谈中，阿雅解释了她的家人是如何从新加坡移民到澳大利亚的。当时她还是一个青春期的少女，在新学校里处处感觉被排斥，所以她退居到一个浪漫的幻想世界里。希望得到父亲的关注，她打扮得像个公主，但是当阿雅在父亲的书房里展示自己的装扮时，打断了正在那里看书发呆的父亲，得到的只是父亲严厉地吼叫着，要求她不能再以这样性挑逗的方式打扮自己，回到自己屋子去学习。

与此同时，在访谈中，乔就和阿雅的父亲一样，盯着窗外，好像在千里之外一样。当阿雅"说漏嘴"地提到乔的童年时，他也毫无反应，阿雅继续讲述乔的故事。乔的父母是立陶宛难民，他是三个孩子中最小的。小时候，他患过可怕的牛皮癣，这让他很自卑。他父亲不能容忍他这样脆弱，要求乔证明自己在身体方面的能力。"习惯它！做个男人！"父亲不断地要求他。

阿雅跺着脚坚持要乔"习惯它"，这让乔有一种回到了童年时的感受。当时他还没有准备好就被逼着去跳铁圈。"枪口下的婚礼"这个词从他的脑中蹦出，他脑海中浮现出被枪指着脑袋的影像。

他明显萎靡了，喃喃自语地说："拜托，我还没准备好，请再给我一些时间。"时间，生理时钟和俄狄浦斯时钟两者重叠在一起[1]，时间是关键。对阿雅来说，当务之急则是："时间不多了，没有人愿意娶我。"

乔不停地嘀咕着："如果她能不再这么管控我，我就能驾着婚车去到她身边去，给她一个她想要的婚礼。"

阿雅的脸皱了一下。在求婚这件事上，哪怕是乔丝毫的犹豫都会把阿雅对婚礼童话般的幻想打碎，勾起她童年受辱的记忆，仿佛时间扭曲地重回过去。

阿雅渴望从孤独的内心幻想中解脱出来，但她试图通过不断约会然后不断分手来达到解脱。然而一连串的追求者只会加剧这个恶性循环，她反而越来越绝望。她把乔当作"救命稻草"，她坚持要求他提出"要么现在，要么永不"的诺言，这种做法也使乔陷入了源于父亲对其欺凌的创伤情结中。

阿雅幻想成为一个公主新娘，乔幻想成为一个体育英雄，看起来很不同的他们实质上有许多相似之处。乔表现出的优柔寡断和阿雅的专横无礼，掩盖了他们的不足和害怕被抛弃的感觉。

两个创伤场景的交织触发了目前现实的问题。但乔和阿雅都没有意识到他们被自己的创伤性记忆系统束缚，他们过往经历的体验在"此时此地"上演。然而过去和现在的联结在治疗分析情境的晚期才会慢慢浮现。

---

[1]　这对夫妇的生理时钟在滴答作响（现实中何时结婚/生子），同时，他们也在努力克服与俄狄浦斯情结相关的问题。——译者注

有毒的嫁妆/彩礼和连锁场景

影响伴侣选择的无意识因素复杂交互、共享的无意识幻象 (Pincus，1962) 和相互的投射性认同，这些因素使得一段关系可能受到双方早期环境中的心理创伤、未处理的悲伤、丧失、绝望和涵容失败等情况的渗透性毒害。这些情结体现在无意识"加密"的婚姻模式中，夫妻双方都给婚姻带来了"有毒的嫁妆/彩礼"（malignant dowries）。嫁妆/彩礼中的内容在婚姻生活中释放，一个个纠缠的破坏性的生活戏剧——"连锁创伤场景"——不断上演 (Pickering，2006，2008)。夫妻双方无意识地参与了对方封存复杂创伤情结的刻板场景，并在其中扮演某个指定的角色。双方的创伤场景结合在一起，造成了混乱的情感纠缠，生活一次次陷入僵局。连锁机制有其自身有毒的性质，可以称之为"毒性第三者"（malignant third）(Pickering，2006)。要实现亲密关系，就需要不断地斗争，以解开此类场景造成的僵局。夫妻治疗的目的是为夫妻提供一个安全的环境，帮助夫妻发展涵容和反思的能力。

比昂的"容器-被涵容"概念(Bion，1962)对夫妻治疗来说非常重要。比昂的人际间"容器-被涵容"的关系原型是母婴关系。母亲通过她的幻想，吸收婴儿原始的精神材料而后进行反思，通过她的"α 功能"保持"一种平衡状态"并把这些 β 元素（未消化的情感体验）转化为"α 元素"，然后孩子将其内摄并发展成自我涵容的一部分。"α 功能"指涵容、消化和转化原始焦虑的能力。一个照料者/母亲处理那些经由投射认同储存于她内在的材料，在她的幻想中或经过她的幻想转化为新生的感官元素或 α 元素。"容器-被涵容"是一种相互依存的功能，是个体情感成长、从经验中进行学习以及转化"莫名恐惧"、悲伤、丧失和创伤所必需的。

创伤记忆

夫妻间连锁场景可能涉及多种经历的混合，包括创伤性经历、失望、防御、共享的无意识幻想(Pincus，1962)和幽灵般的存在。

创伤也包括极具冲击性的震惊（shock）。例如，当一个孩子被认可的需要没有得到满足，就会产生一种震惊、愤慨和深深失望的感受。在这对夫妻所描述的情况中，阿雅一再对她父亲不认同她是一名年轻女性表达了自己的失望，这种失望可以被视为一种涉及反复震惊的创伤。

另一种在夫妻之间有共鸣的"令人震惊"的形式是源于祖辈未加工的材料带来的精神闯入（另见第五章）。这种力量可能在心理上形成一个不相容的内在形象，比如在梦中表现为女巫、窃贼、入侵者、鬼魂、神秘的存在或"幻想的怪物"(Grotstein，1997)。这些都是代际的幽灵般的存在的证明，可能会给夫妻关系带来困扰和破坏。

阿雅和乔

面对阿雅和乔在夫妻治疗中的爆发，治疗师需要相当大程度的 α 功能，尤其是涵容的能力来保持一个"平衡的视野"。他们反复采取这种亲密 - 疏远的争斗。阿雅越是迫切地要进入乔的世界里，乔就越加地封闭自我。乔不断地自责："我不该结婚。我不喜欢过于亲密。"阿雅对此的回答是："这就是我们要进行夫妻治疗的原因。"

乔和阿雅在早期环境中都曾遭受涵容失败。他们不知道这是由于创伤的代际传递和父母的丧失所致。乔是被监禁在布痕瓦尔德集中营里立陶宛难民中唯一的孩子。阿雅是荷兰裔印度尼西亚人。第二次世界大战期间，阿雅的父亲在爪哇国被日本人扣押。阿雅形容她的父亲忧郁、单调、情感迟钝。他经常被拘留期的噩梦困扰，但永远无法谈论它们。在两者的家庭里，他们的父母都从来不提及这些恐怖的经历；他们的父母把过去的经历当成是一本封闭的书。然而，这一本封闭的书却被传了下来。其中未读的内容好比"无法思考的已知"（unthought known）[1]（Bollas，1987），充满了威胁和不祥之感，渗透到他们的无意识中。

当过去的创伤被当成一本封闭的书时，它就会进入无意识传播流之中。当家庭和文化故事的传承——由于痛苦、恐惧、羞耻感或无法言说和难以想象的感觉——受到压抑时，它会让下一代变得精神匮乏。这个精神空洞取代了曾经充满活力的神话传说，这个"蒸发"掉的心理空间充满了无名的恐惧(Pickering，2012)。

阿雅反复出现的不安全感唤醒了乔的童年记忆，就像他试图依偎着他的母亲却不被需要的感觉。在运载欧洲难民的船上，乔的母亲怀上了他，到达后父母竭尽全力维持生计。乔的母亲在布痕瓦尔德还遭受过一次胎死腹中的痛苦，但她没有机会对自己的丧女进行哀悼，这影响了她和乔的关系。乔的母亲在情感上较为冷漠，她敷衍地照顾着乔的生活，但无法满足他任何情感上对亲密和理解的需求。因此，乔逐渐关闭了自己的情感，撤回到他自己的世界里。

乔持续性地感到一种不值得活下去的无价值感，更不用说被爱了。作为一个成年人，他的父母热衷于他找到一个合适的伴侣并且结婚。因此在父母的不断催促下，他与一家婚恋机构签约，在那里他遇到了阿雅。

乔和阿雅见面的时候，乔的父母刚刚被安置在一家养老院。乔在家里工作，写历史教科书。经过几次以阿雅不断催促为特点的夫妻治疗后，他们终于订婚了，阿雅坚定地认为乔应该把他原来的房子卖掉。

---

[1] "无法思考的已知"是克里斯托弗·博拉斯（Christopher Bollas）在20世纪80年代提出的短语，指那些通过一些途径被人们知道，但却无法想象或思考的经历。——译者注

她在一次治疗会谈中说，"我们应该一起买一个新房子，以象征我们迈入了真正的夫妻生活"。乔对此感到非常震惊，因为这房子是他父母在新的国度获得所有成就的象征。阿雅不断地坚持自己的主张，乔最终勉强同意。然而，在房子翻新出售的过程中，乔再次表现出同样的犹豫拖延。

阿雅请了一位专业的室内设计师，设计师建议他们为新卧室买一盏吊灯。阿雅独自去买，但不想独自做最后的选择。乔却不愿意花时间在买灯上。他的做法再次向阿雅证明，他是在"拖延"出售他原来的房子。

"看吧"，阿雅指责性地看着治疗师，"他真的不想和我一起买房子。他甚至不想和我在一起。我受够了！"

乔反驳说："这只是一盏普通的灯，我们会把房子卖了。你选的都好，亲爱的……"

"灯不是重点！"阿雅反驳道。

乔闷闷不乐地嘀咕着："是啊，一盏灯而已，有什么意义？"

治疗师问："我想知道作为一对夫妇，一起选择一盏灯对你来有什么意义？"

乔问阿雅，"嗯，好吧，阿雅，有什么意义？"

"嗯，这不仅是一盏为卖掉房子买的灯，而且是我们要带去新房的灯。"

乔把买一盏灯这件事看作阿雅无情的又一个例证，比如阿雅说的："你不爱我，除非你不上班抽出时间请假和我一起去买。"阿雅则认为这盏灯象征着指引他们走向共同未来的光。

他们的僵局封装在与一盏灯有关的连锁场景中，包含了几个关系极性：个体的自主性与夫妻的个体化、空间与紧密、亲密与孤独、乔的家宅代表的原生家庭影响与希望共同创造一个新的婚姻空间。这些极性张力在他们之间上演，而没有升华为创造一个新的、超越二分法的第三视角。

这盏灯作为一种象征，照亮了他们的过去和他们伴侣选择的发展。它也象征着未来，作为一盏希望的灯，照亮了他们共同创造的婚姻空间。乔虽然有些不情愿，但为了阿雅还是高兴地一起去买了它。

在商店里，他们又为灯的款式争吵。阿雅想要一盏带半透明纸灯罩的小灯。乔则想要一盏明亮的阅读灯，这样他就可以在床上看书了。阿雅反驳说，"上床时间是我们拥抱的时间，不是学习的时间"。他们很容易因微小的差异而重演旧题。这和阿雅倾向于指责乔，而乔倾向于接受指责相一致，乔觉得："我的人际关系简直一团糟，我就应该独自一人。"阿雅则体验到一种被遗弃和将要独自一人的极度恐惧："没有人重视我，我是个始终被拒绝的人。"然而阿雅的这种说法有一种指责的控制意味，这使乔表现得更为疏远。两人都分别对自己的自我价值和优势地位感到害怕和不安。

治疗师在自己的分析幻想中，思考着一盏灯可能像审讯室里的灯一样亮，也可能像柔和的床头灯那样，兼具亮度和柔和度，可以代表整合比昂的K（知识）和L（爱）的情感联结方式。

可以分析的联想内容还有很多。治疗师耐心地等待一个选择性事实出现。

"选择性事实"

"选择性事实"是由法国数学家亨利·庞加雷创造的一个术语，比昂认为，它是指从大量零散的分析材料中发现连贯性时浮现出来的"一种情感体验"（Bion，1962，p73）。选择性事实表示"突然出现的直觉将大量看似无关的不连贯现象结合在一起，从而赋予了它们先前没有的连贯性和含义"（Bion，1967，p127）。选择性事实是综合过程的一部分。

联合选择性事实

"联合选择性事实"的概念(Pickering，2006)与夫妻治疗中的诠释相关。这个概念表明了仅仅揭示夫妻一方所呈现的精神材料的核心事实是不够的，选择性事实在夫妻双方的精神材料中相互作用。换句话说，这个选定的事实，是夫妻双方共同选择出来的，而不是从一系列的事实中随机选择出来。"联合"一词是指由两个单独的选择性事实组合而成的第三个实体。它与主体间性有关。

联合选择性事实往往代表着夫妻客体选择背后共享的无意识幻想(Pincus，1962)。无意识选择的共享基础可能以一种相反的形式呈现，以至于夫妻双方都很难发现他们迂回曲折的婚姻情境中核心问题的相似之处，即如果不是代际传递的创伤，通常就是类似的关系创伤。夫妻双方对早期创伤的反应可能不同，但其创伤产生的原因，如乔和阿雅的情况，可能是相似的。

只有当治疗师完全了解正在发生的事情的核心：每个人过去和现在的内在心理系统及连锁的主体间系统，也就是包含所有这些元素的核心联合选择性事实，治疗师才能够做出有针对性的解释。

对灯的深层思考

阿雅和乔讲述了他们打算如何粉刷卧室，这让人想起了床头灯这个悬而未决的问题。

阿雅说："这个灯引起了太多争吵！我不停地对乔说'为什么我们在买灯问题上不能做简单点的决定呢？'他也不停地说'何必呢？你不是不让我在床上读书吗？'然后我反驳他说'这盏灯不是为了阅读而买的，它是为了我们做爱时用的，所以我才想要那盏带有柔软半透明灯罩的特别的灯。'我们都知道这盏灯激发了一些东西，我们不妨先暂停一下，也从另一个角度来解决这个问题。但是一旦我们中的一个妥协了，另一个人就会旧事重提，就好像我们受到阴险的第三方支配一样！"

这个"阴险的第三方"就是"毒性第三方"的一种形式（Pickering，2008），是连锁场景的隐藏指导者。就在可能发生改变的紧要关头，毒性第三方重新恢复破坏性模式。因此，带来治疗改变的工具也能变成相互攻击的武器。这正是阿雅和乔持续做的事。

阿雅陷入愤怒，她用在个人治疗中学习到的一些心理病理性术语说道："乔就是一个性格分裂、孤僻、自闭的家伙，他一直在回避任何形式的亲密关系。"乔只是闷闷不乐地咕哝着："是的，我知道这是我的错。你不该嫁给我的。我是一个没什么希望的人。我就应该自己一个人待着。"

与此同时，这盏灯的形象又进入到了治疗师的脑海中，于是治疗师询问："我想知道这盏灯对你们俩来说是否意味着非常不同的东西？"

阿雅说，这盏灯给了她一种柔和浪漫的感觉，让她感到安全和放心。乔说，他只喜欢灯光明亮的灯，但是阿雅讨厌他在床上看书，也讨厌太明亮的灯光。

治疗师不知道这两种意义背后有着什么样的背景，继续询问："乔，你曾经说过，你的父母曾经是船上的难民。他们上的船是什么样的？"

乔回答说："我不知道。我只知道永远不该问这样的问题。这是一个'禁区'。"

治疗师的问题将分析引入到一个意想不到的领域，让包括治疗师在内的三个人都感到震惊，他们安静地思考着这个问题答案的重要性。

　　乔不愿买灯，阿雅坚持要买灯，这背后有很重要的原因。治疗师在思考这个问题时总是感到非常不安，他意识到这件事背后的内容还没有完全暴露出来。治疗师突然想起来为什么乔不想要一盏带半透明灯罩的灯。这种认识的结果如此令人震惊，以至于治疗师试图找到一个时间和空间，以一种分析性退想状态来独自面对它。在这里，治疗师需要以比昂的"信仰行为"（F，an act of faith）为指南。"F揭示并提供了可能使分析者和被分析者来说往往都是痛苦和难以容忍的体验，这些体验也可能被承受"（Bion，1970，p46）。治疗师最终成功地看到了在半透明灯罩的灯背后不得不探寻的东西：一个由人皮制成的灯罩，就像在布痕瓦尔德这样的营地制造的灯罩。起初，这种"无法思考的已知"是相当不可思议的，以至于治疗师通过巧妙总结这对夫妻无休止的重复来保护自己。虽然这种做法具有一定临床有效性和帮助，但也回避了面对这个重复背后更加艰难和惊悚的真相。

　　在接下来的会谈中，乔说："我问了我父亲关于船的事。那条船是德纳尔党卫军的。"

　　德纳尔党卫军在1948年将犹太大屠杀幸存者带到澳大利亚。乔父母的家人都在大屠杀中丧生，他们的大孩子也死于那个时期。他的父母把所有这些沉重的丧失都抛在脑后，拒绝谈论这件事。然而，这种不言而喻的悲伤和恐惧感始终萦绕在乔的童年中。就像敲打着空心鼓向死亡进军的游行队伍，乔的父母日复一日地过着行尸走肉般的生活，他们的精神已经死亡，失去了培养孩子的活力，无法和孩子建立情感联系。

代际问题和涵容的容器

　　引入一个联合选择性事实的过程可能会发现在当前问题背后与历

史有关的四层关联网络：当前的关系状况；夫妻的关系历史；在新关系中原生家庭的经历、内化和相互投射性认同；在当前关系中的代际交叉传递。

后代因祖先所遭受的创伤产生了恐怖禁区，连锁创伤场景可以作为传递这一禁区的通道。幸存者的孩子在理解祖先死前的经历前，可能会无意识地需要揭开过去的秘密而被驱使着进入治疗，这些后代可能继承了前几代人难以想象的可怕经历。这种涉及未处理的丧失的材料将困扰下一代的夫妻动力，直到它被发现、见证、哀悼和修通（Pickering，2002，2008，2012）。

在乔说完"德纳尔"之事后，似乎有什么东西在不知不觉中产生了巨变。当分析三人组的一个成员最终能够看到并面对一个隐藏的真相时，这个真相就好像显身在屋子里，供所有在场的人直面。这种涵容也神秘地传达给了乔的父亲，乔的父亲开始谈论困扰他的难以忘怀的记忆，包括他们第一个孩子的死亡。

这盏灯在他们各自的生活经历中都具有重要的象征意义（两个单独的选择性事实），但这两种象征意义非常不同。

"我的天哪，所以，阿雅，你的关键问题是一盏灯意味着安全和亲密，而对我来说，就像我的童年经历一样，灯更象征着可怕和不安全。"乔用他的手遮住了他的脸，喃喃地说："太不可想象了，太不可想象了，我的祖先都经历过什么。"

"哦乔！"眼泪顺着阿雅的脸颊流了下来，在乔像个小孩子一样哭泣时，阿雅紧紧地抱着他。

然而，认识到一盏灯对每个人的不同意义不仅有助于揭示他们二者冲突背后的真相，而且能够让双方看到并深切地关注到两个选择性事实。阿雅的父亲在爪哇被关押期间也遭受了可怕的创伤。对阿雅来说，一盏过于明亮的灯——就像乔想要的那样，不仅代表她担心乔会缩回进他自己的内心世界，还代表审讯的灯光。具有讽刺意味的是，乔经常感到被阿雅审讯。乔的父母遭受了从未被哀悼过的丧失，这种丧失使他们停滞在一种忧郁的状态，一种毫无生机的状态，就好像他们住在那些在集中营死去的家人的坟墓中一样，还包括一个小婴儿，在这么多家人去世时，他们仿佛害怕活着。阿雅的父亲也从来没有机会来修通过去被关押的创伤。父母将自己未完成的悲伤，以一种忧郁的形式传递给自己的孩子。父母承受的丧失客体的阴影落在后代身上，使他们无法实现真正的亲密、爱和活力（Freud，1917）。这盏灯既象征着对先前未被埋葬死者的纪念之烛，也象征着照亮他们未来的光。为了在心理上真正结婚，阿雅和乔都必须承受和哀悼父母带来的精神痛苦和那些未处理的丧失，在心理上埋葬那些死去的人，并允许自己获得新生。

总结

在阿雅和乔的夫妻治疗中，治疗师发现，正是比昂提及的一些关键因素促进了这一深受代际丧失创伤传递影响的夫妻关系发生转变。比昂本人经历过创伤性损失带来的忧郁反应。他自己的自愈过程与阿雅和乔在夫妇治疗中所做的必要的治疗过程是相似的。夫妻治疗中的一个关键要素是联合选择性事实 (Pickering，2008)，这一概念是对比昂选择性事实的精神分析应用于夫妻治疗领域的扩展。联合选择性事实可以被看成是阿雅和乔客体选择时双方共享的无意识幻想和互补基础。它也代表了夫妻每一方带进新关系的"有毒的彩礼 / 嫁妆"。在阿雅和乔的案例里，对这些代际传递层面的理解至关重要，能够帮助他们处理代际间丧失的传递和相关的哀悼失败，这正是有毒的彩礼 / 嫁妆的一部分，抑制了他们关系发展以及爱的转化。

对乔和阿雅而言，直觉性理解灯的多元象征意义，需要一种思考不可思考的事物、忍受不可忍受的事物的能力。这首先是通过分析性的遐想发生的，它提供了一个承载未知思想的容器。通过共同构建的涵容的分析关系，治疗师和这对夫妇打开了那本一度被关闭的未哀悼死者的书，阅读了其中可怕的内容，把无法承受的丧失的忧郁性逃避转化为哀悼和见证，把象征着过往悲剧的灯变成了纪念之烛。同时，蜡烛也意味着给死气沉沉和黑暗的地方带来新的光明和生命力。乔和阿雅重新开始生活和恋爱，就像之前的比昂和弗朗西丝卡一样。

参考文献

Bion, W.R.(1962). *Learning from Experience.* Northvale, NJ: Jason Aronson (reprinted, 1983).

Bion,W. R.(1963). *Elements of Psycho-Analysis.* London: Karnac.

Bion,W.R. (1967). *Second Thoughts.* London: Heinemann.

Bion, W. R.(1970). *Attention and Interpretation.* London:Tavistock.

Bion, W.R. (1982). *The Long Week-End 1897-1919.* London: Karnac.

Bion, W. R. (1985). *All My Sins Remembered: Another Part of a Life; The Other Side of Genius; Family Letters,* F. Bion (Ed.). London: Karnac, 1991).

Bion, W.R.(1991). *A Memoir of the Future.* London: Karnac.

Bollas, C. (1987). *The Shadow of the Object.* New York: Columbia University Press.

Freud, S. (1917). Mourning and Melancholia.*S.E.,*14: 239-258.

Grotstein, J. (1997). 'Internal objects' or 'chimerical monsters':The demonic 'third forms' of the internal world. *Journal of Analytical Psychology,* 42(1): 47-81.

Pickering, J. C. (2002). Moving metaphors of self.In: R. Meares (Ed.), *The Self in Conversation* (pp. 123-143). Sydney: ANZAP.

Pickering,J. C. (2006). Who's afraid of the Wolfe couple: The interlocking traumatic scene. *Journal of Analytical Psychology,* 51(2):251-270.

Pickering,J. C. (2008). *Being in Love: Therapeutic Pathways through Psychological Obstacles to Love.* London: Routledge.

Pickering, J. C. (2012). Bearing the unbearable: Ancestral transmission through dreams and moving metaphors in the analytic field. *Journal of Analytical Psychology,* 57(5): 576-596.

Pincus, L. (1962). *The Marital Relationship as a Focus for Casework.* London: Tavistock.

Stroebe, M., Schut, H., & Stroebe, W. (2005). Attachment in coping with bereavement:A theoretical integration. *Review of General Psychology,* 9(1): 48-66.

第七章
关于早年丧亲对成年后夫妻功能
影响的一些思考

卡特里奥纳·沃洛特斯利 [1]

简介

　　一些失去亲人的孩子很幸运，在他们父母去世前与他们建立了安全的关系，这可能会提供一些保护来防止他们出现忧郁的反应。这对于将要讨论的这对夫妻中的女士来说似乎并不轻松。此外，遗憾的是，这些女性失去了母亲，无法帮助她们以哀悼的方式削减悲痛；相反，在她们成长的过程中，父亲们一直沉浸在自己的感情里，无法与孩子建立情感联结。因此，对这些女性来说，孩童时期经历母亲的去世和父亲长期情感上的缺失代表了一种创伤性的"双重丧失"（Shane & Shane，1990），她们从未从中恢复过来。成年后，这些女性都会被一个同样经历过父母照顾不足（尽管不是因为父母去世），并且像她们一样一直在自恋伤害和自卑影响中挣扎的伴侣所吸引。在他们的夫妻关系中，双方都觉得很难在情感上与对方建立联结。这些女性的伴侣好像是一个情感缺陷的父性客体，而对她的伴侣来说，她也代表着一个抑郁或忽视自己的母性客体。

---

[1]　非常感谢 X 夫人、A 先生和 A 夫人，他们慷慨地同意撰写与他们的治疗相关的案例报告。为了隐私保护，所有能够识别出案主身份的细节均已省略或更改。

由此产生了两个关键的要点，我们将利用以下临床材料进行说明。其中第一点是，丧母的原初外在事实情况，与情感上缺席的物理存在的客体（父亲），通过投射和内摄过程被内化。在成年后，这一心理过程在夫妻关系中反复重演和强化。个体试图通过这种方式战胜丧失，依旧活在过去。人们会建起一个循环来抵御令人恐惧的变化，因为它与灾难性的丧失有关。

临床案例

X 夫人是一名律师，在她 10 岁时，母亲因一场车祸离世了。母亲去世后，X 夫人搬去和她的父亲一起生活。她几乎没有机会与父亲建立情感连接，由于父母在她出生后不久就离婚了。所以，失去母亲后，X 夫人一直患有慢性焦虑症，由于缺乏容纳性客体而加剧。她害怕自己获得的任何幸福或安全感都会突然被粉碎或被夺走。温尼科特（Winnicott）在论文《崩溃的恐惧》（Fear of Breakdown，1974）中描述过这些临床现象，即 X 夫人所担心的灾难。经过多年的治疗，X 夫人说，虽然她理解了这些现象，但这种理解并不能缓解她目前的焦虑。她说："以前发生过，所以当然有可能再次发生。过去的灾难并不能保护你免受现在或未来的灾难。最重要的是，我只想让事情保持不变。"在治疗师看来，X 夫人希望事情保持不变是一种以生存为导向的对危险产生的冻结反应（D'Andrea, Pole, De Pierro, Freed, & Wallace, 2013; Perry, Pollard, Blakley, Baker, & Vigilante, 1995; Van der Kolk, 1994），这一点也出现在另一个案例 A 夫妻身上。布拉查（Bracha，2004）将冻结视为四种恐惧反应之一。这些反应被描述为逐步升级的"应对接近的危险的功能：第一个是冻结（过度警觉），其次是逃跑、战斗、惊吓（僵住不动）"（p 679）。根据布拉查（2004）的说法，僵住不动是一种瘫痪形式，在早期文献中被称为"装死"

（p680）。

这些病人希望不幸后果"不变"实际上是处于瘫痪状态的表现，这种瘫痪不仅是自体发展的瘫痪，也是夫妻关系发展的瘫痪。每一个经历了灾难性变化的人都试图一直保持"原样"生活，并对现状的潜在破坏者保持高度警惕。这包括治疗夫妻关系的"封闭系统"（Fairbairn，1958，p385）到他们共享的无意识世界（Bannister & Pincus，1965）的威胁。这些无意识的世界由共享的幻想组成，在这些幻想中，爱、愤怒或冲突被视为是危险的，因此要避免或防御。这样的夫妻常常害怕谈论问题，觉得这会带来灾难性的后果。

要进一步讨论的与夫妻相关的第二点是，一个女性在失去母亲后，被留给了一个身体在但情感缺席的父亲照顾，这导致一个没有生命的内部客体形成。这个没有生命的客体既代表了死去的母亲（她的死是事实，但在无意识中被否认），也代表了孩子体验到的半死不活的父亲。安德烈·格林（Andre Green）"死去的母亲"的概念在这里有助于思考这样一个被安置在自我中心的客体，其阻碍了自我的成长，导致自我发展停滞和潜在的社会脱离。

处在灾难的边缘

尚恩（Shane，1990）夫妻认为：

> 主要致病因素并不是经典儿童分析文献提出的哀悼不能。相反，在关键的时候缺乏共情性自体客体环境，才是导致失去父母的孩子生病的主要原因。（p119）

他们所说的"共情性自体客体环境"是一种为自尊发展提供至关重要需求的环境。没有这些供给，孩子的情绪和心理发展就会受到影响，以至于她可能永远无法完全从丧失中恢复。

"自体客体"一词源自科胡特（Kohut）的自体心理学（1977），它巧妙地概括了儿童需要一个共情性客体，以调节其感受并建立有凝聚感的自体。自体心理学中术语"自体客体"（Kohut & Wolf, 1978，p413）重点描述的是幼儿将父母或看护人视为自己的一部分或自己的延伸。虽然这些父母功能原本由这些孩子的重要他人提供，但在适当的照料环境中逐渐被孩子内化，在缺乏"共情性自体客体环境"的情况下，这些女性会发展出具有忧郁特质的低自我价值感。她们还会发展出一种羞耻感，卡特莱特（Cartwright, 2010）认为这种羞耻感"源于对自体的系统性破坏，通常与各种形式的创伤或更微妙但破坏性的关系模式相关联"（p195）。例如，X 夫人谈到她对母亲去世存有羞耻感。不知何故，在她看来这件事是她的错。她说：

> "我觉得，如果我是一个与众不同的孩子——更漂亮、表现更好、更讨人喜欢，那我妈妈可能还会活着。如果我是这样与众不同的孩子，我父亲可能会在妈妈死后更好地照顾我。我长大了，对我而言比什么都重要的是成为'正常'家庭中的一员，把事情重新做好。这就是我大学毕业后就结婚，年纪轻轻就生子的原因。"

对丧失有如此自责反应的忧郁孩子，在成年后会持续不断地担心自己"做错事"或"做不好事"，并担心人们会为此对他们"生气"。

在外在世界，这些病人慢慢随时间流逝长大成人。然而，在内心世界和情感上，他们觉得自己仍然是生活在成人世界中的孩子，时间仿佛停止了。正如贝尔（Bell, 2006）所描述的那样：

> 哀悼及承受内疚和丧失的能力对于完全理解自己的时间存在至关

重要……当我们缺乏这种能力时，在时间中存在被一个不存在时间的虚幻世界所取代。这个虚幻世界中的生活充斥着一种持续暴露在现实中的恐惧感，让人感觉身处灾难中，与一个恶性的、受损的世界对抗，总是感受到濒临崩溃的威胁，一直试图逃离它。（Bell，2006，p803）

地穴的诱惑

和 X 夫人一样，另一个病人 A 夫人的母亲去世时，她却在内部无意识地否认这件事，尽管这在现实中是一个灾难性的丧失和改变。她的心理能量随后被引导到去防止进一步的与灾难有关的变化上。亚伯拉罕和托洛克（Abraham & Torok，1972）对内摄已故亲人和与之合并的心理机制做了区分。在他们看来，当所爱的人去世，主体将之内摄到自体时，内摄扩展了自我，那些他人的品质就进入到自体中。而合并（incorporation）是一种更原始的心理机制，在合并过程中，自我意识感分化较差，自我将丧失的客体带入并在心灵中围绕它建造起一堵墙，创造了亚伯拉罕和托洛克（1975）所称的 "地穴"，他们将其定义为 "一个封闭的心灵场所"（p141）。因此，合并被视为是有缺陷的，因为主体一直无法接受丧失，并且试图让失去的客体活在心中，秘密地埋葬。"无意识的幻想世界被创造出来，导致自我隔离和隐秘存在。"（Abraham & Torok，1972，p13）他们生动地描述了内心对丧失的拒绝："为了不必'吞下'丧失，我们幻想吞下（或已经吞下）已经失去的，就好像它是某种东西。"（1972，p126）

法国哲学家和心理分析家让 - 柏腾·彭塔利斯（Jean-Bertrand Pontalis）在他的回忆录《开端之恋》（*Love of Beginnings*）中描述了作为一个孩子的他，是如何秘密地试图留住死去的父亲和生活中他们曾经拥有的关系。在他父亲去世的前三天，他和父亲一起拍了一张照片，这张照片使之成为可能。彭塔利斯描述道：

> 一个父亲和他的儿子，一个男人站在一个孩子旁边，一只手放在这个孩子肩膀上。他们相互没有交流，而是在照相……它会代表着他们，他们会一直在一起。三天后，父亲去世了。为了留住父亲，也让父亲留住自己，我又一次沉默了。这一次不再有语言的阻碍，而只是为了能和父亲悄悄地说话。死亡的寂静使死者复活，永存的唯一途径是保持手放在肩膀上，肩膀在手之下。（Pontalis，1993，pp23-24）。

　　与这个想法相关联的是，有人提出，对 A 夫人和 X 夫人来说，完全重新融入生活世界，包括融入人际关系世界，在心理上等同于抛弃了她们的母性客体和那个丧亲的孩子的自我部分。就这样，他们留在了母亲身边。这将在接下来的会谈材料中说明。对这些患者来说，死去的父母就被这样秘密地保存在自我所在的自体深处。结果，这些女性都被母亲的死亡占据着，她自己的活力被剥夺了，夫妻关系因此未能蓬勃发展。她们的生存和发展冲动与强大的死亡冲动在无意识中进行了一场内在斗争，这种冲动促使她们否认时间、丧失和改变的必要性和必然性的位置。在这种停滞中，她们仍然与遭受丧母的灾难性体验捆绑在一起。她们被囚禁在这种发展停滞的状态中，这种感受也一直围绕着她们。她们痛苦地意识到某些至关重要的东西不见了，并且在没有帮助的情况下自己是无能为力的。因此，紧紧抓住死去的母亲，这与她们未能实现心理上的分离和个体化有关，也与父亲不能为她们补偿母性功能有关。

临床案例

在治疗过程中，X夫人描述了她如何感觉自己的一部分和母亲一起死了，这可以看作是她无意识地试图保持母女一体的一种方式。这使她产生了一种模糊但不安的感觉，即她并不完全属于这个生活中的世界。虽然X夫人很少梦见她的母亲，但当她梦见母亲的时候，母亲还活着，只是迷了路无法回家。离婚后，她终于能够承认，由于她的一部分留在了死去的母亲那里，她的夫妻关系因此失去了重要的一个部分。当X夫人体验到丈夫在关系中不能给予自己情感支持后，她对关系中的负担感到有些释然。这种负担的减轻意味着她更加意识到自己也无力为丈夫提供足够的情感支持，并且她对如何对待丈夫感到痛苦、沮丧和内疚，这让她感到震惊。她说：

> "我可以看到我与母亲曾经——现在仍然——是多么紧密地捆绑在一起。她的死代表着我自身相当大的一部分已死。当我结婚时，我确实没为丈夫留出重要的足够的空间，尽管当时并不这么觉得。我想让他照顾我。当他不按照我想要的方式照顾我时，我就认为他很残忍。现在我知道他一定觉得我对他也很残忍。我对此感觉很糟糕，但我也知道，当时我控制不住自己，迫切地想从他那里得到一些他不能给我的东西。"

虽然X夫人已经摆脱了以前她在前夫那里感受到的伤害和痛苦，并且更能够看到她自己对他们夫妻关系动力的影响，但她的反应也可被看作是对丧失的忧郁反应的另一个例子。

格林（1983）用"死去的母亲"一词来形容一种临床现象，即母亲抑郁之后，"一个活着的慈爱的母亲形象变成了一个遥远的人物：一个无声的、几乎没有生命力的、死去的父母。母亲在现实中虽然活着，但对孩子来说，她在心理上已经'死了'"（Kohon，1999，p2）。格林指的是母亲抑郁对孩子的影响，即这些母亲身体上活着，但精神上却被占据着，使她们无法给婴儿提供情感镜映。对于所讨论的丧亲患者，其内部世界与之类似，但又有不同。他们的母亲事实上已经死了，但她们的死却被无意识地否认了。失去母亲的病人脑海中形成的是"一个无声的、几乎没有生命力的、死去的父母"的意象（Kohon，1999，p2）。在女儿的幻想中，这位母亲既没有活着也没有死去，正是在这种情况下，她被安置在女儿的自我中，如X夫人所描述的那样，只留出了很少的空间给新的爱情对象。格林指出，"主体的客体始终处于自我的边缘，不完全在自我内部，也不完全在外部。这是有充分理由的，这个地方被死去的母亲占据了中心位置"（Kohon，1999，p4）。

A先生和A夫人的关系可以说明这些动力，他们之所以来寻求治疗，是因为担心彼此会因难以忍受的冷漠和距离感而选择离婚。虽然A先生的父母还健在，而A夫人的父母都去世了，但这对夫妻似乎都内化了一个毫无生机、反应迟钝的客体——"死去的母亲"。

会谈资料：A先生和A夫人

A先生和A夫人与同事沟通交流都很正常，但一旦他们回到家就开始沉默了，两人情绪的温度骤降。两个人都退到了各自单独的"心理撤退"中（Steiner，1993）。作为尽责的父母，他们在照顾孩子时可以及时出现，但随后很快撤退。A夫人6岁时，她的母亲死于脑出血。她推测当时一定是隔离了自己的情绪，几天之后，她就看上去像什么事都没有发生过一样正常生活了。那时父亲还沉浸在自己的悲痛中，无法去帮助她。当她成为一个成年人后，她仍然觉得自己像个孩子，渴望被照顾。而A先生的母亲将A先生描述为一个要求不高的婴儿，他从不哭闹，独自玩玩具。看来似乎在 A 先生生命的早期就知道哭是没有意义的，因为没有人会来照顾他。A 先生的母亲由于婚姻不美满曾短暂离开丈夫和孩子，最后又回来了。但在 A 先生十几岁时，父母还是离婚了。

处在临界边缘的治疗师

对于 A 先生和 A 夫人，治疗师发现自己被他们定位为一个临界边缘（liminal，来自拉丁语 limen，意为"阈值"）的形象，移情性和反移情性地占据着临界点之间和两侧的位置，即在心理上活着的状态与死去的状态之间的位置。对这对夫妻来说，治疗师既代表了已经死去的自体 - 客体关系，让他们感到安全熟悉，又代表了一种充满忐忑和期待的自体 - 客体情感联结。整个治疗过程持续地摆荡在这些不同状态和相关方式之中。

治疗师的在场和每周一次会面的节奏为 A 先生和 A 夫人提供了一些他们需要的、在他们孩提时代没有体验过的信任和支持。在治疗空间中，他们能够从治疗师那里获得他们渴望的父母般的关怀，同时尝试参与并了解阻碍他们关系发展的因素。不过，最重要的是，他们需要让治疗师了解他们的经历。从治疗开始，他们就让治疗师参与到他们内心世界的焦虑中，焦虑的中心似乎是对他们的孩子会受到伤害的恐惧，就像他们自己在孩童时代经历过的那样。

创伤的活现

这对夫妻生活在这样一个世界中，他们体验到随时可能降临的灾难感。第一次会谈时，A 先生就打电话说因为工作出现紧急情况不能参加，而 A 夫人在火车上发短信说车站的门没有打开，她不知道火车会开到哪里。治疗期间，这对夫妻不时地担心会有暴风雪、闪电、恐怖袭击和可能阻止他们回家与孩子在一起的意外事故，对疾病、发怒的权威人物、错误和不可挽回后果的事故的恐惧。在反移情方面，治疗师经常等待这对夫妻，不知道他们是否或何时会来参加治疗。

通过这些方式，治疗师经历了患者童年时期的创伤——等待未能回家的母亲。正如博拉斯（Bollas，1999）所说，"对有些人来说，生活是一种创伤"（p94）。具有明确限制和规律的治疗框架以及意识到他们的治疗师在咨询室等待他们，这对他们来说非常重要，给了他们一种可以依靠的稳定感。

接下来我们将说明和讨论的是这对夫妻防止变化的方式以及防止他们获得活泼而充满爱的联结方式。他们无意识的逻辑是，最好不要与某个人保持关系，而是要与之一直保持距离，即保持淡漠，总好过得到后又失去。A 夫人的丧失包括作为一个丧亲的孩子失去了可以认同的身份，以及无意识中失去了母亲旁边自己的位置，她对母亲已没有任何有意识的记忆。

阻断一个活泼有爱的联结

在进一步会谈中，A 夫人描述了与朋友一起度过了一个下午的时光。她感到开放、自由、有乐趣。但当她回到家时，她的快乐就结束了，因为她和 A 先生"和往常一样"没有交流。在探讨中我们发现，在回家的路上，A 夫人已经开始封闭自己的情感了。当她回到家时，她太失望和生气，以致无法与 A 先生交谈，因为她"知道"从自己看到他的那一刻起，自己的快乐就会消失。当 A 先生问 A 夫人下午过得怎么样时，她厉声道"还好"，然后开始沉默，A 先生也撤退不交流。就这样，A 夫人先前活泼的感觉以及她与 A 先生一起共享快乐的可能性消失了，双方重新回到彼此都熟悉的冷漠和距离感中。A 夫人似乎坚信 A 先生对此不会感兴趣。A 夫人把自己不感兴趣和排斥的部分投射到 A 先生身上。当她用一句简短厉声的"还好"拒绝了 A 先生企图交流的尝试，而 A 先生也放弃时，她不仅觉得坐实了她认为的 A 先生不感兴趣的想法，而且也体验到了被拒绝和失望的感觉。A 先生也相应地"知道" A 夫人看到他就会感到失望，这也在以上的互动中得到了证实。在这种情况下，治疗师没有选择去解释他们的投射系统。而是说，A 夫人对 A 先生想什么一点也不在乎，似乎更期待他能做些什么。她相信他有能力改变她的感受，并带给她"开放和自由"的感觉。然而，在她回到家之前，一个令人失望的场景在脑海中浮现，她感到愤怒和不满。A 夫人攻击 A 先生，认为 A 先生未能让她如愿以偿，因此她退缩到沉默状态，这又加强了 A 先生的退缩。个体表现出的这种行为可以看作是对丧失的忧郁反应。正如弗洛伊德（1917）所描述的，个体的这种反应具有自我责备或自我惩罚的特点，但这些反应常常以投射的形式出现在夫妻关系中，往往表现为对配偶的指责或歧视行为。

治疗师指出，当 A 夫人走进家门时，听起来好像没有有趣的节目上演。两人都笑了，表示同意这个说法。在这个当下，A 先生和 A 夫人能够更容易与治疗师一起思考各自对这种破坏性动力的贡献。A 先生承认，他害怕 A 夫人的拒绝和对他不满的态度，可能会使自己以一种"不太感兴趣的方式"询问她。当 A 夫人走进门时，他感觉到了她的"那种神情"。这是更大模式中的一部分。在这种令 A 夫人沮丧和愤怒的模式中，A 先生似乎在无意识水平上证明，他可以控制她并控制他们关系中的亲密程度。通过这样的方式，A 先生仿佛逆转了他童年早期所处的状况。当 A 先生还是个婴儿的时候，他独自玩自己的玩具，他称自己从来没有哭或喊过母亲。A 先生现在就等同于那个曾身处隔壁房间的母亲位置，他可以选择何时照顾或不理会这个婴儿。似乎通过这种逆转，他努力处理着自己幼年时不懂如何引起母亲注意和照顾而产生的创伤。

希望和失望的循环

A夫人希望A先生能给予她希望获得的关注和照顾，使她活跃起来，让她感到安全，而A先生希望她能以温暖和感兴趣的态度向他求助。然而，正如前面所呈现的，他们的这种希望通常会伴随着某种防御性的断定，表达希望时预设了对方会回以冷淡、无趣和轻蔑的反应。因为希望和失望几乎同时发生在他们双方的脑海中，所以效果就像同时踩下刹车和油门一样，发动机熄火了。他们中一个人已经经历过这样的体验，使得该个体关闭情感并避免与另一个人接触，然后给另一个人的体验是自己好像在和一个看起来冷淡、无趣、不屑一顾的人在一起。因此，之后的任何接触都充满了冷酷的敌意和/或恐惧。通过这种方式，他们夫妻动力改变的可能性在成形之前就被扼杀了。

我的父母在哪里？

这对夫妻的主要问题在于，他们以不同但又相似的方式经历了早期父母的丧失，并且两人的成长都困在了童年的某个特定时期。A先生同A夫人一样，也一直在寻找一个可以把他当成孩子的父母，但又在无意识中重复着童年时期父母情感缺少的痛苦体验，最终也不是更加有意识地拥有他感觉被剥夺了的母爱和养育。这些都造成了他在关系中的退行。两人都无法从对方那里获得渴望的理想化父母的照顾。A夫人说她对A先生没有"男子气概"感到失望。她渴望有一个男人把她抱在怀里给予她安全感。她渴望有一个理想的父亲，可以把她当成一个小婴儿用襁褓完好地包裹着抱着她。A夫人在治疗中也表现了这一点，她手臂环绕呈摇篮状，这让治疗师好奇她是否在无意识地表达渴望有一个如父母般的伴侣，能够给她提供她早年没有的抱持。

在对A先生和A夫人进行治疗的过程中，他们共享的内心世界中毫无生气的一面得以表现，并以下面描述的方式进行。古列维奇（Gurevich）写道：

> 外部的缺失同时也是内在的缺失，因为它意味着自体的缺席，也源于自体的缺席，是一种解离。缺席的创伤转变为"某种东西"，缺失本身被标记为"虚无"，实际上这个虚无像"某种东西"一样运作，对脆弱的自体产生了深远而深刻的影响。（Gurevich，2008，p563）

A 先生和 A 夫人需要治疗师去理解的，正是这一极度痛苦的（虚无的）某种东西，"它"冷漠、沉默和疏离。没有关于"它"的词汇，但是很明显，治疗师不得不与他们一起待在这个虚无的感觉里，共同去承受这种可能将永远持续下去的虚无感，以便理解"它"有多糟糕。

这对夫妻通过投射表达的明显退行行为，让治疗师了解了他们内心世界的关键内容。治疗师需要体验并涵容他们难以掌控的内疚、丧失和被遗弃的感觉，还有欲望、愤怒、挫折、无助和绝望。这些解离和退行的防御显然给他们带来了巨大的痛苦。而太多的情感接触也可能带给他们拒绝、失望和改变的威胁。A 先生解释了为什么他回到家后没有和 A 夫人打招呼，没有亲吻或拥抱她。"我不这样做，是因为我不知道她会怎么反应。如果她不想要，我会感到被拒绝。我也不能问她为什么会这样反应，因为我害怕她会说因为不爱我。"

清醒的睡眠

解离，一种对威胁的适应性防御反应，看起来就像是一种"关机"，或者借用萝丝（Rose，1973）的描述，一种"清醒的睡眠"（p593）。A 先生和 A 夫人的无意识驱动力就是防止任何与灾难相关的变化和丧失。为此，他们采用了模拟死亡的解离防御，导致治疗也死气沉沉的。

这对夫妻和他们的治疗师面临的主要挑战是，提供情感上的接触可能被另一个人感知为一种威胁。这引发他们进行一种自我保护性的关闭，阻碍了他们联结能力的发展。这种关闭可能随时发生。A夫人会收回目光接触，低头看着自己的膝盖，神色不动，难以捉摸。A先生会凝视远方，面无表情。这些表现可能在会谈开始他们坐下时就会发生。治疗师可能充满了挫折感，因为他要再花一个小时来努力接触到他们真实的部分，并试图给这个死气沉沉的空间带来一些活力。

一致性反移情

这对夫妻的深度退行使治疗师感到不舒服，有时甚至能感受到难以应对的非常绝望的反移情，这迫使治疗师反思自身体验的意义，她需要调整自己的技术，以找到有效的方法去接触这对有时非常孤僻，似乎被某种令人窒息的东西所征服的夫妻，并与他们一起工作。治疗师发现自己提供了想法和观察结果，她劝说、提醒、等待着。当这些尝试失败时，治疗师会询问在沉默中发生了什么。A夫人会说她在自己的"壳"里，而A先生会说他什么都没想。如果治疗师进一步询问A夫人是否觉得她需要待在自己的"壳"里，A夫人会说这是为了保护自己。如果治疗师问她可能需要什么保护自己免受伤害，A夫人会说不要"提醒"她。很明显，治疗师越"提醒"她就越退缩，治疗师可能会觉得好像别无选择，只能接受她和这对夫妻之间这种冰冷的"虚无"和距离。A先生会继续保持他没有感觉的状态。也许不可避免的是，当绝望笼罩治疗师时，她会发现自己陷入在拉克尔（Racker，1957）所说的"一致性反移情"的解离中。有一种基于投射和内摄的一致性反移情或认同，取代了治疗师和患者（们）之间的客体关系，如拉克尔（1957）说，"一个属于自己的事物与属于他人的事物画上了等号（'我的这部分是你'）"（p164）。治疗师也开始认识到，她的解离是一种在治疗中几乎无法忍受的剥夺体验中挣扎求存的手段，在治疗中，她陷入了缺乏情感和有意义接触的困境。通过这种方式，她接收到了一种原始而极度痛苦的信息，即他们是如何成长的。在这个时候，A先生和A夫人之间以及治疗师和这对夫妻之间出现了无法弥合的鸿沟。他们相隔那么远，却在诊室幽闭压抑的气氛中紧紧地联系在一起。她意识到时间一分钟一分钟地过去，觉得自己的心智和治疗能力都受到了攻击。很多时候，她感到无话可说，有时她想治疗是否应该结束。在这个空间里，她变成了格林所说的"死去的母亲"，一个无法与她的孩子产生情感联结的死气沉沉的客体。而在其他时候，通过拉克尔（1957）所说的"互补性认同"，即将治疗师定义为"一个内部（投射的）客体"（p165），治疗师认同了这个投射的内部客体，并感觉自己是一个依赖无生命客体进行情感联系的孩子。然而，治疗师了解到，当被这种绝望的感觉所压倒时，她首先必须照顾好自己被令人窒息的投射所压倒的那部分。治疗师会试图唤醒自己的思维，以母性的方式关心自己被无用感和对任何事情都不会改变的恐惧感所淹没的那部分。有一次，她向这对夫妻解释了她的感觉，即他们希望改变并介绍治疗的部分与反对改变的部分之间存在冲突。A夫人感到不安，她说治疗师在了解他们孩提时期经历的基础上仍然相信他们有可能发生重大改变，她觉得这种想法"很奇怪"。在一周后，她告诉治疗师，她在治疗结束后哭了起来，她感到非常绝望，想伤害自己。她认为治疗师是在说她必须忘记内心的"小女孩"，这是一种父性移情，她非常害怕这可能意味着什么。最初她向A先生寻求拥抱以得到安慰，但后来她想一个人待着。这可能是母亲去世后她与父亲相处经历的再次活现。在这一周里，A先生也不再尝试与A夫人建立联结，但当他们重新回到治疗室时，A先生对治疗师说，他认为A夫人需要说出自己的所作所为。经过反思，治疗师认为自己的解释反映了反移情感受并未被有效处理，这种反移情是源于受挫和想逃避幽闭压抑的气氛。这对夫妻对生活的渴望已经被投射出来，并反映在治疗师那里。

修通"死去的母亲"的反移情

琼安·希明顿（Joan Symington）关于原始全能防御的论文（1985）能有效帮助我们尝试解决这对夫妻的冲突，即一方面他们需要以抱紧自己，防止改变和进步；一方面希望关系能够发展和改变。希明顿在参考埃丝特·比克（Esther Bick）的作品后写道，"当没有可使用的涵容客体时，婴儿如何使用原始的全能防御……整合自己"（p486）。A先生和A夫人一直依靠这些防御来度过他们的一生，并且非常害怕放弃这些防御。这些无所不能的防御被用来管理"灾难性的恐惧……这是一种未整合的溢出的状态，永远不会被发现，也无法聚集起来"（Symington，1985，p481）。虽然他们对治疗的阻抗以及对潜在的发展和变化的阻抗是有破坏性的，但原初的无意识目标却不是破坏。相反，阻抗源于这些原始的无所不能的防御，其无意识的目的是将不稳定的自体聚集在一起。虽然治疗师需要提醒来访者克服那些对他们自己、彼此和治疗都具有破坏性的行为，但希明顿认为，防御是"为生存服务"的（Symington，1985，p483）。如果在没有强调这种自我保护需求的情况下去处理破坏性问题，这对夫妻可能只会感到受到了对其防御堡垒的攻击。因此，治疗师的解释需要同时强调破坏性和自我保护两个方面。治疗师发现，当她建立这个联系时，A先生和A夫人能感到更多的包容和理解。

然而，有时候不管以什么方式表述，言语似乎对这对夫妻无效。很明显，只基于文字和反思性诠释的标准精神分析实践技术是不够的。治疗师需要找到其他方式来处理自身和这对夫妻共享的困境。接下来我们将对治疗师的一些技术调整进行简要描述和讨论，治疗师在逐渐克服自己对于"死去的母亲"的反移情之后，她越来越意识到自己必须带头，以保持活力并为这对夫妻提供帮助。

修通死气沉沉的技术性思考

当这对夫妻有时在治疗中退缩时，治疗师会觉得要依靠自己的内在力量和想象力努力使治疗保持活力。她发现，当她进入一种遐想状态时（Ogden，1997a，1997b），她可能对自己内心升起的感觉、想法和意象更敏锐。当她觉得自己有些话可能对这对夫妻正在挣扎的事情有一些潜在帮助时，她会尝试用语言表达她内心所出现的一些东西。

她开始意识到，自己此前试图在治疗中提供一个让A先生和A夫人可以进入的接纳性空间，但他们可能无意识地将其体验为"等待某事发生"，这其实模仿了他们夫妻在关系中发起交流互动时的被动模式。实际上，她与这对夫妻一起陷入了治疗僵局，而不是为他们提供一些不同的，他们在当下的治疗中也在寻求的东西。在治疗师看来，这对夫妻在此时想要跟随治疗师，而不是让治疗师跟随他们。治疗师需要用一种更积极的方法来让他们之间的关系变得更有活力。治疗师自己要起带头作用。

治疗师作为"发起者"

博纳斯（Bollas，1993）描述了母亲经常带头向婴儿展示物品的方式——起初是乳房或玩具。他将其描述为"一种特定的智能行为"（1993，p402），温尼科特（1941）用他的压舌板作为呈现的客体再现了这个过程。博纳斯指出：

> 客体母亲不仅是……"行为的回应者"，还是"行为的发起者"。他提出的观点是，母亲"提供"一个物体——即使是一个新的物

体——只要婴儿在这种幻想里待上几个月，觉得那些物体是根据他的愿望出现并能为他所用的，都会被婴儿认为是对他自己愿望或需要的一种回应。(Bollas，1993，p403)

与此类似，莱文（Levine，1999）认为治疗师也像温尼科特的压舌板示例那样提供解释。

在患者坚持将解释作为自己的沉思对象和兴趣对象时，分析师允许患者自由地加入探索——开始自己思考和探索解释——或者（患者）对之没有什么兴趣，让它滑过。(p45)

正是通过这种方式，治疗师开始向 A 夫妻提供一个画面或观察结果，就像温尼科特提供他的压舌板（1941）一样，将它放在她和这对夫妻之间的空间里，让他们自由决定拿或不拿。有时，治疗师觉得自己像 A 先生，是那个独自玩玩具的小男孩。但有时，当他们抬起头来警惕地准备思考治疗师提供的东西，那种感兴趣的样子可能会让治疗师大吃一惊。治疗师随后发现这对夫妻温暖和俏皮的幽默感，他们可以很容易地相互或和治疗师一起开怀大笑。然而，这种自发、轻松和自由的感觉很少能持续很长时间。有时，当他们在会谈结束去开车时，它就会消散。而有时，也会持续数天，甚至一周。尽管如此，这些片刻都给了治疗师希望，即他们最终可能在他们的关系中更加轻松，联系更加紧密。当他们都开始说不再害怕离婚时，一个充满希望的征兆来临了。

总结
本章重点探讨了丧亲（主要是母亲）对孩子的创伤性影响和对他

们成年后夫妻能力的影响。特别提到了两位女性经历的"双重创伤"（Shane & Shane，1990），她们都在11岁之前失去母亲，然后又被没有能力与女儿建立情感联结的父亲养育。她们每个人长大后都嫁给了一个难以在情感上建立联结的男人，一个与内在父母客体相似的情感缺失的男人。这样一来，过去依然在当下生活中活现，他们在关系中害怕并防御着各种变化。本章也描述了作为无生命内部客体存在的"死去的母亲"对夫妻的影响，让他们无法投入有活力的关系里。在夫妻治疗中，死气沉沉的内部客体在夫妻和治疗师之间移动，治疗师修通了"死去的母亲"的反移情，找到了一种让夫妻和治疗更加充满希望的工作方式。

参考文献

Abraham, N., & Torok, M. (1972). Mourning or melancholia: introjection versus incorporation. In: N. T. Rand (Ed. & Trans.), *The Shell and the Kernel, Volume 1* (pp. 125-138). Chicago & London: *The University of Chicago Press,* 1994.

Abraham, N., & Torok, M. (1975). "The lost object-me." Notes on endocyryptic identification. In: N. T. Rand (Ed. & Trans.), *The Shell and the Kernel: Renewals of Psychoanalysis, Volume 1* (pp. 139-156). Chicago. IL: University of Chicago Press, 1994.

Bannister, K., & Pincus, L. (1965). *Shared Phantasy in Marital Problems.* London: Institute of Marital Studies.

Bell, D. (2006). Existence in time: development or catastrophe. *Psychoanalytic Quarterly,* 75: 783-805.

Bollas, C. (1993). An Interview with Christopher Bellas. *Psychoanalytic Dialogues*, 3(3): 401-430.

Bollas. C. (1999). Dead mother, dead child. In: G. Kohon (Ed.), *The Dead Mother* (pp. 87-108). London: Routledge.

Bracha, H. S. (2004). Freeze, flight, fight, fright, faint: Adaptationist perspectives on the acute stress response spectrum. *CNS Spectrums,* 9(9): 679-685.

Cartwright, D. (2010). *Containing States of Mind: Exploring Bion's 'Container Model' in Psychoanalytic Psychotherapy.* London: Routledge.

D'Andrea. W., Pole, N., De Pierro, J., Freed, S., & Wallace, D. B. (2013). Heterogeneity of defensive responses after exposure to trauma: Blunted autonomic reactivity in response to startling sounds. *International Journal of Psychophysiology,* 90(1): 80-89.

Fairbairn, W. R. D. (1958). On the nature and aims of psychoanalytical treatment. *International Journal of Psycho-Analysis.* 39: 374-385.

Freud, S. (1917). Mourning and Melancholia. *S.E.,* 14: 239-258.

Green. A. (1983). The dead mother. In: *On Private Madness* (pp. 142-173). London: Karnac, 2005.

Gurevich. H. (2008). The language of absence. *International Journal of Psychoanalysis,* 89: 561-578.

Kohon, G. (1999). Introduction. *The Dead Mother* (pp. 1-9). London: Routledge.

Kohut, H. (1977). *The Restoration of the Self.* New York: International Universities Press.

Kohut, H., & Wolf, E. S. (1978). The disorders of the self and their treatment: An outline. *International Journal of Psychoanalysis,* 59(4), 413-425.

Levine, H. B. (1999). The ambiguity of influence: Suggestion and compliance in the analytic process. *Psychoanalytic Inquiry,* 19(1): 40-60.

Ogden, T. (1997a). Analyzing forms of aliveness and deadness. In: *Reverie And Interpretation: Sensing Something Human* (pp. 21-63). London: Karnac, 1999.

Ogden, T. (1997b). *Reverie and Interpretation: Sensing Something Human* (pp. 135-154). London: Karnac, 1999.

Perry, B. D., Pollard, R. A., Blakley, T L., Baker, W. L., & Vigilante, D. (1995). Childhood trauma, the neurobiology of adaptation, and "use-dependent" development of the brain: How "states" become "traits". *Infant Mental Health Journal,* 16(4): 271-291.

Pontalis, J.-B. (1993). *Love of Beginnings.* London: Free Association.

Racker, H. (1957). The meanings and uses of countertransference. In: B. Wolstein (Ed.), *Essential Papers on Conntertransference* (pp. 158-201). New York and London: New York University Press, 1988.

Rose. G. J. (1973). On the shores of self: Samuel Beckett's "Molloy"—irredentism and the creative impulse. *Psychoanalytic Review,* 60(4): 587-604.

Shane, E., & Shane, M. (1990). Object loss and self object loss: A consideration of self psychology's contribution to understanding mourning and the failure to mourn. *Annual of Psychoanalysis,* 18: 115-131.

Steiner, J. (1993). *Psychic Retreats*: *Pathological Organisations of the Personality in Psychotic, Neurotic, and Borderline Patients.* London: Routledge.

Symington. J. (1985). The survival function of primitive omnipotence. *International Journal of Psycho-Analysis,* 66(4): 481-487.

Van dcr Kolk, B. A. (1994). The body keeps the score: Memory and the evolving psychobiology of posttraumatic stress. *Harvard Review of Psychiatry,* 1(5): 253-265.

Winnicott, D. W. (1941). The observation of infants in a set situation. *The International Journal of Psycho-Analysis,* 22: 229-249.

Winnicott, D. W. (1974). Fear of breakdown. In: C. Winnicott, R. Shepherd, & M. Davis (Eds.), *Psychoanalytic Explorations* (pp. 87-95). Cambridge, MA: Harvard University Press, 1992.

第八章
哀悼和忧郁——经历流产的夫妻

卡尔·巴格尼尼

简介

对于夫妻来说，当他们失去曾经深深依恋的人，他人的支持性陪伴通常能够缓解丧失带来的悲伤。然而，如果失去的是一个未出生的婴儿，这种支持会因为缺少共同记忆而大打折扣。对于流产所致的丧失这一特殊情况，凯斯门特（Casement，2000）的评论非常贴切，"有些人的哀悼方式是无法被他人发现的"（p1）。对此，重要的是要认识到"哀伤是对丧失的反应，而哀悼则涉及我们如何应对哀伤"（Leader，2009，p26）。对于心理易感性高、自我整合不良的夫妻来说，应对哀伤具有更大的挑战。

本书第一章参考了弗洛伊德的观点——个体需要一个整合的自我来完成哀悼，而忧郁症的自我是失整合的(与未分化的自体-客体关系相关)，需要面对迫害感和因憎恨失去的客体而产生的负罪感。因此，精神分析师或心理治疗师需要对夫妻说明哀悼流产导致的丧失的复杂性。

然而，对流产、相关症状和防御等内容的压抑可能会阻碍哀悼的完成，影响治疗目标的实现。例如，如果夫妻经历了一次隐秘的没有公开的流产，他们就无法将相应的心理状态与现实中严重的冲突、混乱或痛苦联系起来。在治疗访谈中，治疗师试图了解双方各自的经历，同时处理夫妻即时的情感体验。最后谈到流产问题时，治疗师需要小心地把这个话题引发的空白"传递"到治疗性对话中，敏锐地探索夫妻的想象、幻想、未实现的梦想和矛盾情绪。

本章陈述的案例反映了治疗师对夫妻提供抱持和涵容的重要性（也见第三章），描述了如何运用反移情帮助夫妻与他们未经处理的情感建立连接。另外，本章也研究了代际传递和童年期创伤对流产后哀悼的影响。

流产：一些简述

流产，也被称为自然流产和妊娠丢失，是指胚胎或胎儿在能够独立存活之前的自然死亡。流产的风险在30岁左右开始增加，35岁以下的女性出现流产的风险约为10%，而40岁以上的女性约为45%。大约80%的流产发生在怀孕的前12周（前3个月）。而在这些病例中，约有一半的潜在原因是染色体异常。其他可能产生类似症状的情况包括异位妊娠和着床性出血。妊娠丢失是指未出生婴儿的意外死亡。它的发生有多种原因，其中大多数情况与母亲或其他人的行为几乎或完全没有关系。

医生和患者通常不使用"妊娠丢失"一词来代表人为终止的意外怀孕（Danielson，2016）。一般而言，妊娠丢失可分为四类：流产、死产、分娩死亡和基于医学的终止妊娠。大多数流产都是随机发生的，而且夫妻通常可以继续正常怀孕，医生不会在单次流产后就给夫妻进行整套医学检查。然而，当妊娠丢失连续发生2次或2次以上时，医生会将其归为"复发性妊娠丢失"（Recurrent Pregnancy Loss，RPL）或复发性流产，并会进行更多的检查。针对这一情况，有时母亲（或父亲）可能导致流产的病症会通过医疗手段得到解决。但不管涉及哪一类原因，妊娠丢失对父母来说都是一种情感上的摧残，会给他们的心理带来极大的冲击并留下创伤，往往需要及时、有力的支持（Raphael-Leff，2001，2013）。

在任何一个失去婴儿的情境下，夫妻都会变得不知所措，作为具有繁殖能力的夫妻，他们的产前依恋身份受到了威胁（O'Leary & Thorwick，2008）。流产的结果之一是，新怀孕的母亲可能会因为对先前的丧失没有进行足够的哀悼，感觉无法与之后新出生的胎儿建立联系。

与流产相关的夫妻心理治疗

精神分析师或精神分析心理治疗师不仅需要充分评估未处理的哀伤反应的风险，也需要警惕夫妻因为他们未出生的、想象中的婴儿而陷入忧郁的风险。这可能与这对夫妻在经历流产的同时过早地抑制他们的哀伤过程有关。

对于心理易感性高的夫妻来说，流产和多次流产带来的失去未出生婴儿的经历，可能会导致他们丧失一部分自己的感觉。例如，在这种忧郁反应中，母亲可能会觉得自己无法再成为一个有创造力的伴侣。在这种情况下，母亲对于自己无法孕育生命感到绝望无助，可能会觉得胎儿是被迫害的，并把这种迫害性置换到伴侣身上，从而对伴侣产生敌意。与哀悼不同，忧郁代表了丧失的阴暗面（Bagnini，2012）。流产后的忧郁症状，比如自责和衰竭感等，可能仍然在夫妻的意识互动层面之下暗涌。在忧郁反应中，流产后的悲伤可能会转化为愤怒和内疚，然后表现为不稳定的情绪波动。一开始，夫妻可能会表现得很淡定，或者一方可能会承载这种情绪，而另一方则表现得未受到太大影响。

对于那些无法对流产的事实反思，也无法将丧失象征化的夫妻来说，哀悼显得格外困难。这是因为象征性表征的能力是治愈的必要因素。强有力的防御往往会取代他们认知现实的能力，这些防御包括：忽略与失去的婴儿有关的矛盾情绪；由悲伤引发的躁性逃避；攻击自己或婚姻；匆忙地再次怀孕以获得一个"替代"的孩子（Reid，2007）；出轨或者依赖家人而疏远伴侣。

当和经历流产但未完成哀悼的夫妻工作时，治疗师需要关注的一个重要问题是治疗可以从哪里开始进行。这主要取决于夫妻是否认为他们的问题与流产有关。由于没有意识到流产是导致问题的重要影响因素，所以夫妻之间经常会出现其他问题。

精神分析师或精神分析心理治疗师的目标是由内到外（inside-out）讨论流产，思考子宫（容器）对夫妻的象征意义以及它无法孕育和分娩婴儿等问题。由外而内（outside-in）是夫妻双方对他们关系的最初表述，这种表述是一种意识层面的关注，并且促使夫妻双方寻求治疗。治疗师和夫妻双方进入到一个摆荡、拉扯的过程。一开始，夫妻希望治疗最好能够符合他们即刻的需求，对此，治疗师知道这意味着夫妻对问题的看法可能包含未被呈现的无意识层面的内容，他们遭遇的问题可能涉及共有的发展障碍和夫妻各自家庭遗留问题所产生的创伤残余。

对于流产，精神分析的评估方法包括回顾医学方面关于妊娠过程和流产的细节，还会考虑怀孕前和流产前夫妻关系的状态。对于正在经历的流产，治疗师需要重点关注夫妻每一方，尤其是关注他们过往丧失的经历，这些经历会对当前的情况产生强烈影响。个体和夫妻的移情可以用于识别关系问题的重复性。

在确立夫妻治疗时，重要的是关注夫妻使用压抑或否认等防御的任何迹象（Coltart，1987），关注当前和过去影响夫妻发展的阻碍因素。此外，当多重移情和反移情反应中出现焦虑、防御和利用治疗师等情况时，治疗师需要重新回顾并评估这些移情反应。

对经历流产的夫妻来说，进行精神分析导向的治疗是非常有意义的，因为它为夫妻提供了充足的时间以及充分的倾听和抱持，用于发现相关的无意识动力，而阐明这一动力是促进哀悼过程的关键。

夫妻对婴儿的幻想

流产与夫妻对怀孕有意识或无意识的幻想分不开。这些幻想受到夫妻各自的"梦的空间"、各自的婴儿期、希望、恐惧和对未来家庭的矛盾心理等方面的影响。

如果这些幻想具有迫害或偏执的性质，当胎儿没有发育到足月时，这些幻想会引发强烈的痛苦感。例如，一位身体健康的孕妇含泪承认了自己的感受，她痛恨因为胎儿的发育导致自己失去完美的身材。当怀孕期间出现流产时，她感到强烈的内疚，因为她担心可能是这些幻想毁掉了她的胎儿。

与此同时，也要关注那些认为是自身原因引发流产的父亲的相关幻想。有一对怀孕压力很大的夫妻，丈夫沮丧而愤怒地说，他觉得自己好像只有性交这个功能。这对夫妻的生育压力已经带来了负面影响，当流产发生时，这一观念就会随即引发他内心强烈的挫败感。

对一些男性来说，他们只想成为关系中唯一的另一半，伴随着婴儿的出现，这种快乐不得不让位于和婴儿共同分享妻子。对个人自恋的威胁、对放弃二元关系唯一性的恐惧以及亲密关系和个人抗争之间的冲突，这些都会让男性经历丧失后出现复杂的反应。有时，即使父亲可以参与到怀孕过程中体验创造性，他也可能会嫉妒妻子的生育能力。

精神病性幻想和被阻止的哀悼

我们知道，流产之后，仅关注显性的动力通常无法让夫妻获得有力的支持。对于一些夫妻来说，对分娩的迫害性幻想，会阻断他们的哀悼过程。

　　一对夫妻在接受为期13个月每周一次的心理治疗中，出现了一种被迫害的幻想，其中涉及早期兄弟姐妹间的家庭冲突。这对夫妻在结婚之前就存在的无意识幻想被流产事件重新激活，当前的关系重复了过去的冲突，哀悼也被阻断了。这对夫妻共有的无意识中的基本设想导致他们的关系重复了过去与父母、兄弟姐妹的关系。在对流产的忧郁反应中［即他们的联结中共享的痛苦（见第二章）］，每一方都重新恢复了自己早期经历有关的受迫害婴儿的童年幻想。在丈夫的童年时代，兄弟姐妹之间的俄狄浦斯之争导致他对父亲产生深深的恨意。在妻子的成长过程中，她是家中最受宠爱的孩子，而其他兄弟姐妹则不那么被待见。作为夫妻，这些兄弟姐妹之间的动力在他们之间重新上演，就像跳一支舞，丈夫是领舞者，妻子跟随其后处于次要地位。通过这种方式，她可以避免自己承受童年被特殊对待而产生的负罪感，并保护她的丈夫免受伤害。她的丈夫则以一种互补的方式，抑制住自己的嫉妒心，避免自己与更有社交魅力的妻子竞争。

　　在夫妻治疗的移情-动力情境中，丈夫觉得治疗师更喜欢妻子，自己被降到一个不被重视的病人的位置。而对于妻子来说，她隐秘地享受着治疗师的关注，与此同时，为了应对随之被激发出来的内疚感，她也突然与丈夫一起对治疗师进行攻击，这一过程揭示了她内在客体关系的本质。通过这种方式，她压抑了自己是多么喜欢成为特殊的病人或兄弟姐妹中的被偏爱者。在重复这些过去的迫害性关系的过程中，这对夫妻联合起来对抗治疗师。然而，他们的联合不是一种积极、亲密、充满爱的互惠互动，而是一种相互串通的共谋，将他们的无助、无能和内疚都投射到治疗师身上，而这些指控都源自他们双方的偏执-分裂状态。治疗师通过处理自己的反移情，以涵容而不是反击的态度应对这些攻击。这对夫妻的"偏执 - 分裂"反应表明了他们心理病理的严重程度以及相关的发展性焦虑（见第四章）。在开始哀悼流产丧失之前，他们需要面对这些具有挑战性的问题。

随着治疗的推进，治疗师找到一个时机进入这对夫妻的投射过程，他告诉这对夫妻，他意识到他们双方都很沮丧，从他们的角度来看，治疗是失败的。治疗师从反移情入手，并将这些反移情与他们各自的成长经历联系起来，他告诉这对夫妇，他错过了他们早年非常痛苦的经历。并且，作为他们的治疗师，他并没有保护他们免受竞争和负罪感带来的恐惧，而是让他们不得不互相保护。治疗师指出，这可能是他们对他感到愤怒和不信任的原因。在那一刻，丈夫停了下来，他承认自己担心治疗会失败，也对治疗师的偏袒感到愤怒。他看上去有点不好意思，接着问妻子，她是否认可他说的话。她看向别处，又看了看治疗师，然后又转回到丈夫身上。她承认，她对他们无法处理与流产有关的情绪感到焦虑。她说，作为夫妻，他们只能在治疗会谈中谈到孩子。看着她的丈夫，她哭了起来，想知道他是否会因为她想要孩子而恨她。他们继续讨论着各自的恐惧，他们对怀孕这件事都有很多想法和感受，但又都害怕直接谈论这些会让彼此崩溃。这一基于治疗师反移情的突破，促进他们觉察和反思过去和现在的创伤之间的关联性，也促进了他们对无意识联盟或联结本质的觉察和反思（见第二章），并进一步促进了他们的哀悼过程。

精神分析师或精神分析性心理治疗师需要探索临床上与生育、怀孕和亲子关系等问题相关的幻想和梦。在流产问题上，这些内容可能是潜在矛盾心理的重要线索。需要重点关注的是，这种矛盾心理在怀孕前是被激活还是处于潜伏状态，是否在流产后被重新激活。治疗师也需要关注家庭内部是否在情感上处理了代际间丧失和流产问题。在临床上探讨夫妻应对流产事件的能力时，需要将这些问题考虑在内，也要考虑过去的经历怎样影响了他们哀悼的能力。

代际创伤和流产

夫妻应对流产的能力可能会受到代际间未公开的客体丧失事件的影响，这些秘密可以感觉到，但并不为人所知。安和乔伊这对夫妻所压抑的经历是他们哀悼流产事件的主要阻碍。安的母亲曾两次流产，在家里大家对此绝口不提。而安的母亲十岁时，安的外婆患有产后抑郁症，却被视为神经衰弱未得到治疗。安成年后经历了几次痛苦的异位妊娠，但只是在医疗上而非情感上得到缓解，她称自己是过度紧张。每次流产后，安似乎很快就恢复了，表现出一种正常且良好的状态。随着安和乔伊性关系的恢复，安的性欲异常增强，乔伊觉得这很有吸引力。因为没有孩子，他也享受着她的专属关注。然而，由于母亲长期无法正常生活，安一直压抑着这种创伤带来的焦虑，以致自己长期处在一种亢奋状态，这实际上是一种应对抑郁的置换性恐惧。而现实中即时的流产事件激活了她童年的创伤性记忆。通过治疗，最终她意识到了一直以来内心关于母亲的焦虑，从而使其得以转化。

对于精神分析师或精神分析取向心理治疗师来说，在处理夫妻关系中流产所致的未哀悼的丧失问题时，另一个需要考虑的重要问题是未解决的俄狄浦斯情结问题。在上述案例中，除了代际创伤，这对夫妻还存在明显的俄狄浦斯情结问题。在乔伊眼中，安的性欲增加是一种积极的表现，而实际上这是安的一种躁性反应，安小时候在母亲抑郁时曾求助于父亲，这种躁性反应与她对父亲未解决的俄狄浦斯情结问题有关。

精神分析框架和立场的运用

精神分析的框架和立场（也见第四章）为夫妻提供了一个持续和

可靠的反思空间，可以安全地涵容意外的发生。这个空间为夫妻提供了理解流产如何影响他们当前经历和长期关系问题的机会。以玛丽亚和费尔南德斯这对夫妻为例，他们在婚后第二年经历了一次流产后被转介进行夫妻治疗。这对夫妻愤怒地指责着对方，他们为法律权益和金钱而争吵，长期压抑的痛苦浮出水面。他们是虔诚的天主教徒，因为恋爱期间意外怀孕，结婚是使他们性关系和婚外怀孕合法化的唯一解决办法。他们的孩子在孕期第三个月末流产了。在婚礼即将举行的时候，这对夫妻感到必须"做正确的事"。他们决定不把流产的事告诉家人。由于这对夫妻还没有大学毕业，他们在经济上仍然非常依赖父母的帮助。在一次治疗会谈中，玛丽亚绝望地脱口而出："我真希望我从未出生过！"这对夫妻未被觉察的无意识的内疚感被激活了。

治疗师感到震惊，然后回顾了迫使这对夫妻提前结婚的意外怀孕以及之后的流产。在依赖父母和急于结婚的矛盾心理下，他们很难对失去的孩子进行哀悼。这对夫妻之所以产生无意识的忧郁，是因为他们缺乏整合和处理丧失体验的能力（Klein，1940），同时，无意识的忧郁也强化了未被识别的怨恨。治疗师敏锐地追溯着这对夫妻婚前怀孕和流产的痛苦经历，他们的愤怒消减了。之后，这对夫妻意识到，流产、不愿承认的羞耻、共同的心痛和对他们关系的矛盾心理都被压抑了，进而导致他们的愤怒直接爆发。接着，他们承认并接受了自己的感觉，哀悼了流产的丧失，他们的内在客体得以修复。

比喻的运用——一个临床片段

关于分析方法，另一个有效技术是治疗师对比喻的运用。当遇到难以理解的材料或阻碍时，治疗师可以"想象"画面或其他替代场景。要想克服这些阻碍，需要用一种创造性的行为来象征化关系中的问题。比喻技术能够接近夫妻之间压抑且未被识别的情感。治疗师通过运用比喻能够更好地理解夫妻的无意识问题，这是需要学习的重要内容。以下片段描述了比喻是如何帮助夫妻将压抑的感觉与流产后的创伤反应联系起来的。

卡琳（36岁）和查克（38岁）否认过去五年里连续三次的流产对他们的婚姻造成了情感上的困扰。他们在治疗开始提出的问题是双方越来越疏远，专注于各自独立生活。双方都很和善，但都以一种"不要靠得太近，只是友好地回应"的方式相处。在为期8个月每周一次的夫妻治疗中，他们的婚前恋爱期是治疗探索的焦点。查克内心充满着羞耻感，他羞愧地承认，自己在结婚之前对未来将成为父亲感到矛盾。治疗提到了三次流产的相继发生，但双方都没能详细描述任何悲痛或哀伤的感觉。关于查克，治疗师做了一个假设：他会不会因为没有孩子和他竞争而有一种令自己羞耻的解脱感和内疚感？的确，不被承认的羞耻如阴影般笼罩着这对夫妻。卡琳的羞耻在于她认为自己的身体有先天缺陷，这会让她的丈夫很失望。然而，她还没有领会到他的解脱感，这种解脱感让他在每次流产后都对她特别体贴和关心。当卡琳恢复时，他就开始表现出疏远和闷闷不乐。她渴望来自丈夫的关心，随之而来的强烈被抛弃感又令她暗含愠怒。然而，每当足球赛季到来，他们俩都变得兴奋起来，期待着每一场电视转播的比赛，准备好食物，通过"支持"自己的球队来恢复彼此的联系。这在治疗师心中激起了一种反移情的印象：一个哺乳期的婴儿正在学习觅食。掩盖羞耻是一种痛苦的行为，却被这对夫妻坚忍地执行着。

令人难以理解的是，这对夫妻因为根深蒂固的无意识恐惧而具有一种反常的攻击性，他们也都认为是这种攻击性导致了流产。他们个人的恐惧源于童年时期在大家庭中的经历，在大家庭中，孩子们的个人需要经常被忽视。查克和卡琳都是在有六个孩子的家庭中长大的，他们都是长子，都担负着照顾弟弟妹妹的责任。这两个家庭都期望长子在很小的时候就照顾自己的弟弟妹妹。令人吃惊的是，他们俩都把自己的角色解释为"帮助者"，然而进一步看就会发现，他们被赋予的角色显然也引起了他们自己的憎恶和怨恨。因此，憎恨婴儿是这对夫妻共有的、根深蒂固的，同时也引发羞耻的情感。

流产之后，查克无意识地逃避做父亲的责任与这段早年经历是有关联的。虽然卡琳有意识地想要一个孩子，但却多次流产，她也承载着源于早期成长经历中无意识的仇恨——过早承担了照顾婴儿的责任。治疗逐渐让这对夫妻意识到一种可能性：对卡琳来说，生孩子是一种赎罪的方式，以补偿她对父母和兄弟姐妹深深的怨恨，恨他们在情感上剥夺了自己的童年。治疗师内心也在思考着，这些流产经历是否与用暴力性的排解方式释放被压抑的感觉有关，这些感觉恰恰来源于父母和弟弟妹妹的情感忽视和童年的无助感。

在接下来的一次会谈中，这对夫妻一反常态，兴致勃勃地谈起了他们最近喜爱的足球比赛。他们之间平淡的情感被一声"击掌"取代，这引发了治疗师对他们足球式握手的兴趣。当和这对夫妻一起体验这短暂的"兴奋"时，治疗师感到很难过。在这个过程中，他承受着那些还未被这对夫妻带到治疗中的未被哀悼的丧失。

一个足球的比喻及其应用

治疗师在感受到他们失去孩子却无法哀悼的悲伤时，也体验着这对夫妻对足球比赛的"兴奋"，与此同时，治疗师产生了一个联想。在美式足球中，"失球"（miscarry）（英文中流产也为"miscarry"）一词指的是不恰当的控球或带球，导致漏球、被断球或失去对球的控制。从心理动力学的角度，我们可以把外部环境看作是对方球员抢球并威胁带球者的控球能力。

当这对夫妻因为享受足球比赛而击掌时，这个足球术语在治疗师的脑海中融合成了"失球 - 流产"(fumble-miscarry)。从某种意义上，我们可以这样比喻：在情感上，这对夫妻的"兴奋"反应(对忧郁的躁性防御)与未哀悼的丧失联系在一起。就像足球球员一样，这对夫妻正处在这种不稳定的持球/抱持(holding)环境中。一开始，使用"足球运动"这个比喻进行治疗可能显得有些奇怪，让人懵然不知。不过，这个比喻是在用和他们一样的语言表达了"带球和怀孩子"的危险。这一新含义是在和夫妻进行一次极具张力的心理治疗中被激发出来的，夫妻在其中表现出了一致的心理退缩。

当治疗师分享他自发的联想，即这种"兴奋"是对夫妻"失球"的逃避(无法"承载"孩子到出生)时，这对夫妻开始拿足球打比方(兴奋涉及一种防御，失球则代表隐藏的悲伤)，关联到他们流产的经历。"失球"是一个比喻，为这对夫妻提供了一个可以认同的画面。最初，问题通过"兴奋"(激动和快乐)隐藏和保护，但是"失球"则直指对需要哀悼的哀伤的逃离。因此，当他们感到足够的安全时，就能够开始探索，尝试把治疗师的话与未命名的恐惧和潜在的未完成的哀伤联系起来。

总结

上述案例探讨了代际性传递和成长中出现的创伤对流产经历的影响，描述了客体关系治疗师在治疗中如何运用无意识的动力帮助夫妻处理与流产相关的未解决的哀伤。

本章重点介绍了治疗师可以采取的帮助夫妻进行有意义交流的技术措施。这些技巧包括抱持和涵容、反移情、灵活性解释、共情和 / 或遐思地运用过往经历以及比喻。夫妻治疗作为一种重新为来访提供父母功能的场所，也注重在情感上对来访者经历的伤害、恐惧和丧失提供即时共鸣。有人认为，成功的夫妻治疗可以通过关注分裂、投射以及被压抑的自我和体验来创造一种新的能力修复丧失的客体。

上述案例也表明，流产或习惯性流产（RPL）是一种特殊的丧失形式，对夫妻和夫妻治疗师提出了特殊的挑战。这是因为失去胎儿是一类特殊且冲击剧烈的事件，与心理幻想和被压抑的代际创伤相互作用，从而产生强烈的忧郁症状。然而，精神分析取向的心理治疗师通过关注无意识体验，能够帮助夫妻修通与这类丧失相关的心理痛苦，促进更充分的哀悼过程，提高客体被修复的可能性。

参考文献

Bagnini,C. (2012). *Keeping Couples in Treatment: Working from Surface to Depth.* Lanham, MD: Aronson.

Casement,P. J. (2000). Mourning and failure to mourn. *Fort Da,* 6: 20-32.

Coltart, N. (1987). Diagnosis and assessment for suitability for psycho-analytical psychotherapy. *British Journal of Psychotherapy,* 4(2): 127-134.

Danielson, K.(2016)."Miscarriage". Healthcare Center,A.D.A.M. Inc. American Accreditation Health Care Commission.

Klein,M. (1940). *Love, Guilt and Reparation and Other Works: 1921-1945. Mourning and its Relation to Manic-Depressive States.* London: Karnac.

Leader, D. (2009). *The New Black: Mourning, Melancholia and Depression.* New York: Penguin.

O'Leary, J. M., & Thorwick, C. (2008). Attachment to the unborn child and parental mental representations of pregnancy following perinatal loss. *Attachment: New Directions in Psychotherapy and Relational Psychoanalysis Journal,* 2: 292-320.

Raphael-Leff , J.(2013). Psychic"Geodes"- The Presence of Absence: 18th Enid Balint Memorial Lecture 2013. *Couple and Family Psychoanalysis,*3(2): 137-155.

Raphael-Leff,J.(2001). *Pregnancy: The Inside Story.* London: Karnac.

Reid,M. (2007).The loss of a baby and the birth of the next infant:The mother's experience. *The Journal of Psychotherapy,* 33:181-201.

第九章
夫妻日常生活中的丧失

莫尼卡·沃尔奇默

简介

关于丧失的忧郁反应，精神分析理论过去一直聚焦于个体心理。相应地，本章主要关注夫妻及夫妻之间的联结。"联结"（link/vinculo）由处于关系中的主体双方共同创造（见第二章），标志着双方关系无意识意义的来源。它不属于任何一方，而是借助主体-对主体的关系而存在。

夫妻在日常生活中会遇到很多挑战，经常在无意识层面体验很多细碎的、需要即刻解决的丧失。有些丧失可能不像死亡那样涉及外部客体的丧失，而是涉及夫妻（联结）之间彼此知晓的丧失，由此造成危机，这些危机可能是——也可能不是——由现实事件触发的。

西方世界的现代爱情是这样定义的：夫妻双方因相互的爱结合在一起。从这个角度看，"夫妻生活的厮守"根植于一种理想化的归属感（togetherness），通常开始于坠入爱河的体验。他们认定这种归属感是共有的。对这种理想化联结表征的需求之强烈，令夫妻双方都需要相信，它不是一种表征，而是一种现实。这种信念——或者说共有的幻觉——作为一种基本的自恋形式(Freud，1914)把双方带入一个完美的整体（一个天堂），不然，这个整体就会被体验为离散、混乱或异质的。恋爱就是这样运作的：作为一个基本的神话，它创造了两个主体的结合，双方对这个结合共享相同的信念。为了达到这一点，夫妻间的相似性被高估，差异被淡化，以便建立起互补关系，形成一个他们共属的整体。这个过程也代表了"一种基础的联结自恋"的形成。

夫妻虚幻的自恋基于他们对联结共同的信念以及一个貌似真实的假设，即夫妻会心有灵犀地感受、理解彼此。他们坚信彼此分享着过去的经历、起源、价值观、传统、记忆，相互依赖，分享着一切。他们坚信，彼此的一切都是可知的，这也让他们相信会永远在一起。

因此，夫妻在治疗中陈述现实问题时，这些问题之下通常隐藏着他们对理想夫妻关系的丧失体验，我们也可以在文学和影视作品里看到对这一方面的描写。哈罗德·品特（Harold Pinter）的戏剧《夜色》（1969）用慢镜头完美地呈现了一对恋人试图找回他们所认为的爱情开始的时刻。这出戏的情节相当简单，主要围绕一对四十多岁夫妻之间的对话展开。这对夫妻坐在一起喝咖啡，回忆起他们年轻时第一次相遇并坠入爱河的情景。品特通过角色之间关于过去的对话，揭示了他们现在的情感分歧——他们对过去的记忆是不同的。正是这种差异，让观众感觉到那一刻他们的关系不再具有魔力。然而，这对夫妻继续尝试重现第一次坠入爱河时神秘似天堂的时刻。

在试图重现这一特殊的时刻中，剧中的男主角回忆道，在一座桥上，他第一次拥抱爱人，他用手爱抚着她的乳房。相反，他的妻子对这座桥没有任何记忆，只记得在另一个地方，他握着她的手，温柔地摩挲着。两个身躯之下的记忆沿着乳房、后背、眼睛、手和手指的意象漫游，试图在一个独特的记忆中重聚。他们的对话时而停顿、时而沉默，试图抓住那一刻的独特性，这也是这对夫妻自恋的需求。

然而，因为他们没有共享相同的记忆和相同的场景（相同的心理表征），记忆的分歧几乎变成一个悲剧开始的分水岭。分歧破坏了那一刻的魔力，细节被放大，情话变得粗俗不堪。

他们通过记忆寻找着巧合，仿佛这些巧合会保证有那么一个时刻存在：他们拥有相同的感受，一模一样，伴随着结合，他们彼此互补，彼此完满。

不是只有这对夫妻需要重现曾经共有的幻想。这样的幻想构成了每一对夫妻关系原初的基石：它使夫妻双方产生了一种"我们"的感觉。而在日常生活中，为了维持这种幻觉而进行的对话迟早会中断，如果继续下去，双方都会感到沮丧和痛苦。在咨询室里，当夫妻试图维持这种自恋联结时，治疗师常常会看到由此产生的不和谐的症状性画面。

丧失通常被认为与创伤有关，创伤和丧失可能会重叠。弗洛伊德（1926）描述了几种普遍的创伤情境，这些创伤情境构成了正常发展中的丧失。他以阉割为例，不管是直接的还是幻想的威胁，都构成了"他生命中最大的创伤"，或者男性角色的丧失。他也将俄狄浦斯情结本身视为一个创伤性的丧失情境，因为它与阉割焦虑紧密相关。同样，断奶、排便和兄弟姐妹的出生等，都是典型的创伤情境。失去他人的爱、客体的爱、超我的爱，都是弗洛伊德认为的将主体暴露于创伤之中，感到无助或情感力量丧失的经历。因此，弗洛伊德认为，理解创伤不仅要从获利的视角出发，还要关注其主体间性的维度。他提出，一个创伤性情境，比如丧失，往往涉及个体与失去客体的力比多依恋的解绑。这里也预见性地隐含了联结的观点。

在接下来的讨论中，我们认为，夫妻问题是一种对灾难性、欺骗性、会危及夫妻关系本身的感受的反应。这一观点源于作者在精神分析夫妻治疗中广泛的临床经历，接下来将以电影《45年》为例进行说明。

精神分析和爱情

弗洛伊德（1914）认为，个体心理从一开始就是分散和无组织的；他强调一开始并不存在任何可以与自我相媲美的实体。他说，自我必须得到发展。在他的理论中，他需要利用这个逻辑假设，来解释在他称为"自恋"的新的心理状态下最初的混乱是如何被组织的。在混乱的驱力/本能中，在新的统一体（unity）——自我中，曾经混乱的状态被组织起来。弗洛伊德认为，儿童原始自恋就像"婴儿陛下的天堂"，通过推理比直接观察更容易理解这一点。他指出，这种心理状态（自恋）也需要在客体选择之前完成（其目的是完成自我-他人的分化），以作为建立非自恋关系的基础。

对夫妻来说，要建立夫妻关系，一开始需要进行类似的自恋性心理操作，以便将两个主体联合成一个整体：夫妻。因此，恋人们需要表现他们在一起的状态，需要认定他们共同创造的联结是共享的。他们需要相信，天堂曾经存在过，在那个异质的天堂里建立了一个同质的整体，即联结，即"我们"。要做到这一点，差异就必须被忽略、消除，或者只被视为他们的集合中互补的一部分。也就是说，不相容的部分是不属于"我们"的。

在这个夫妻联结表征之下，情感转瞬即逝的短暂性被忽略，和每一种身份一样，夫妻身份也相应地被认为是永恒的，是安全的来源。人们不仅会爱上自己的伴侣，还会爱上他们在一起，彼此相爱等自恋性表征。因此，夫妻不需要经历实际的丧失，就有可能体验到与他们的联结相关的丧失感。由于幻觉只能暂时存在，某些日常会发生的事件就可以让他们最初共享的幻觉破灭，引发他们的丧失感。

应对共享幻觉的丧失：哀悼还是忧郁？

在《哀悼与忧郁》一文中，弗洛伊德（1917）探讨了哀悼与忧郁的异同，他将哀悼视为丧失的正常过程，而忧郁则是其病理性结果。如上所述，引发丧失反应的可能并不是一个实际的丧失事件，而是一个表征、一个抽象概念或者一种理想（亦见第一章）。弗洛伊德认为，可能会有涉及客体丧失的反应，也可能有一种更抽象形式的丧失反应，不管是分析师还是病人，可能都无法看清楚究竟失去了什么。病人可能知道他失去了谁，但不知道他失去了什么。与此相关的是，弗洛伊德认为这是丧失的无意识层面，即丧失的意义，它决定了人们对丧失的反应——哀悼或忧郁。

弗洛伊德认为忧郁症是一种自尊（self- regard）的紊乱和自我的衰竭，在正常的哀悼过程中是不存在的。他发现，忧郁症患者的自我受到一种错觉的影响，这种错觉主要是一种道德上的自卑感，使丧失影响到自我的功能。忧郁症包含了懊悔感和自责感，人们无意识地认为这种懊悔感和自责感属于自我所爱、曾经爱过或应该爱过的丧失的客体。在夫妻心理病理学中，弗洛伊德敏锐地指出：

> 一个女人叫嚷着同情她的丈夫和一个像她这样无能的妻子绑在一起，实际上是在指责她的丈夫无论在什么方面上都是无能的……她们的抱怨（complaints）实际上是在表达旧意义上的哀伤（plaints）[1]。（p248）

弗洛伊德继续说："（个体）进行客体选择时曾经一度对某个客体有着力比多的依恋；然而，由于现实中所爱之人的怠慢或令人失望的反应，客体关系被打碎了。"（p249）其结果并不像哀悼那样，力比多从客体中抽离并转移到新的客体上，而是会认同被抛弃的客体，这一

---

[1] 古法语plainte，哀伤；拉丁语plangere，哀悼，悲痛。——译者注

过程被描述为自我被笼罩于客体的阴影中（Freud，1917）。在弗洛伊德的理论中，需要有一个前提支持其逻辑性，即丧失的客体曾经是一个自恋性的客体 - 选择。因此，这种客体选择的替代性认同必然会回归到原初的自恋上。

在某种程度上，弗洛伊德秉持的观点是，只要不涉及病理状态，个体会在一段时间后自然或自发地克服哀悼。然而，不管是自然状态还是自发状态，个体都必须逐渐放弃对失去的客体或表征的力比多依恋。现实检验和情感的撤回是一个缓慢而痛苦的心理过程，在忧郁症中，由于对丧失客体的无意识的矛盾情感，这一过程往往很难实现。

我们同样要感谢梅兰妮·克莱因（1935）在这些观点上做出的贡献，她将这一至关重要的心理发展阶段称为抑郁位态（见第一章）。婴儿对客体丧失的觉察会导致情绪的混乱，她认为这是忧郁症的原初状态（status nascendi）。这里，克莱因继承了弗洛伊德的观点，认为忧郁症具有不确定或无法定义的特征，模糊了作为正常过程的哀悼与作为心理病理结局的忧郁症之间的根本区别。

此外，弗洛伊德在《论自恋》一文中提出的关于哀悼和抑郁的观点，细致地描绘了这一心理过程，帮助我们理解联结如何形成，理解夫妻之间的不满。每一对夫妻的自恋基础并不只是对过去的重复，相反，它是夫妻共同创造的新产物。

为了理解联结如何形成以及夫妻之间的不满，皮耶拉·奥拉涅尔（Piera Aulagnier）引入了自恋性契约（narcissistic contract）的概念。在阐明这一概念时，她认为，集体期待着主体为自己承担起其祖辈所宣称的内容，以确保该集体的持久性和不变性。这一集体——这里我们可以把集体换成夫妻或家庭——保证了他们从祖辈那里继承的内容转移到新成员（孩子）身上，孩子承诺与家庭联结，以确保获得他的自恋性力比多所需要的支持。作为一种连续性和互惠性载体，每个新生儿都是家庭负担的承载者，前提是集体为这个新成员提供场所。在支持自恋性契约的论述中，必须特别注意奥拉涅尔提到的"基本论述"，即关于契约运作机制的论述，该论述肯定了自恋契约的合法性和必要性。因此，自恋性契约确定了什么是必须做的，什么是禁止做的。

凯斯（Käes，1994）对奥拉涅尔的观点进行了补充，他提出联结对构成它的主体施加了限制，包括脱离或放弃主体的部分心理现实，比如放弃本能的目标，为他人放弃个人理想，约束个人信仰、思想、规则，坚持共同的情感和理想。当夫妻形成一种联结时，就会出现这些限制。

每个联结都会施加一系列限制，并且规定了进行的方式。自我异化的过程被用来满足（夫妻）联结的需要。这是一种处理被压抑和未被压抑问题的方式，每个人都需要以此维持自身的联结。

因此，每对夫妻的自恋基础最初基于对自恋性契约的积极认同（Aulagnier，1975）。它培养了联结的理想，否定了联结的某些问题，坚定了共享表征中的信念。这种联结因共同的防御机制变得更加稳固（Käes，1994），通过压制或否认排除了夫妻关系某些方面的问题，以维持"我们是这样的"和"我们不是这样的"的身份。这些无意识机制决定了联结主体之间共构的关系，以及他们已经达成一致的允许存在的一系列问题。联结世界的产生需要主体双方必须抑制、中止或持续压抑与夫妻关系不相容的事物。这是因为，所谓的不相容事物被认为是具有创伤性的，无法整合和包含。

因此，夫妻创造了一个共享的起源，一个新的开始，与此同时，也创造了一个新的时间维度。个人的过去需要重塑，因为如果它无法归属或未被包含在代表两个人在一起的表征中，其重要性就不复存在了。

电影《45年》中的丧失

这些过程在电影《45年》中得到了很好的呈现。影片的主人公是一对夫妻，凯特和杰夫·默瑟。在45周年结婚纪念日的前一周，这对没有孩子的夫妻正在愉快地筹备一个庆祝结婚纪念日的派对——一个因五年前杰夫的心脏搭桥手术一直未举办的庆祝派对。然而，这次派对被杰夫收到的一封意想不到的信给搅乱了，这封信带来了一个令人震惊的消息，他的初恋卡蒂亚的尸体被发现了，自1962年以来一直被冰封在瑞士阿尔卑斯山的冰川中。

骤然间，杰夫的过去闯入了这对夫妻的生活，扰动了看似平静的生活。往事在杰夫的脑海中闪现。杰夫以一种婉转的方式说他们找到了她，并提醒他的妻子他在说谁。杰夫提到的那起事故发生在几十年前，那时凯特还不认识杰夫。虽然凯特知道卡蒂亚的存在，但这对夫妻多年来都没有提起过她。杰夫被这个消息深深地触动，一个被埋葬的过去突然在他的脑海里复活了。听到消息后，他立刻出去抽了一支烟（尽管他们俩之前都戒了烟），仿佛在为自己的记忆保留一个空间。

凯特意识到杰夫脑子里在想些什么，这些事情却与她无关，就像杰夫说的，一切都被破坏了。他想去瑞士看卡蒂亚的遗体，这个想法使他们的婚姻开始出现裂痕。她尝试继续准备派对，装作什么事也没发生过，但共享的幻想已经悄然破灭了。

唱片里的歌词令人心碎，歌声回荡在房间里；歌里唱着真爱，然而人们如何知道这是真的，总有一天，每个人都会发现所有相爱的人都是盲目的。当然，所有相爱的人都是盲目的，因为无视差异被认为是保持在一起的感觉的先决条件。一定程度的盲目维持了全然的幻觉，也导致了这一共享幻觉的脆弱性。

影片呈现了这对夫妻日常生活中几个普通的场景。他们坐在客厅里看书，听音乐，就像过去一样。然而，凯特现在开始看起来心烦意乱，她在想杰夫的思绪是否已经回到从前，回到那个未被分享的可怕的过去。对这对"永恒不变"的夫妻来说，一切都变了。他们之间的感情氛围已然变质。

杰夫出乎意料地和凯特一起去了镇上，他买了一本关于气候变化和影响冰川融化的书，这体现出他很关注与卡蒂亚有关的新闻。凯特感到自己被排除在外，感到嫉妒，而杰夫关于过去的记忆正在融化和复苏。某种新的东西进入了他们的关系，威胁着他们之间的联结。过去似乎变成了现在。

回顾过去时，凯特提到，真遗憾房子里没有照片，她认为他们没有意识到拍照的意义（要记得，他们是没有孩子的）。照片不仅能证明过去的记忆，也可以是一对永恒伴侣（冻住的/不会变化的）的物质象征。挂在墙上的照片可以"保温"，可以代表一种感官上的安慰，以对抗夫妻短暂的情感体验。

凯特对比他们空空如也的墙壁和一个朋友的墙壁，朋友的墙上挂满了女儿和孙子们的照片。他们结婚周年派对的会客厅里贴满了过去的照片，充满了往事回忆，如会客厅场馆主人所说，这是一场美满的婚姻。相应地，凯特似乎开始质疑他们的婚姻是否幸福。幻灭感现在已经进入他们宁静的房子，"天堂"仿佛已经消失，凯特觉得，杰夫被她不属于其中的记忆捕获，现在他们拥有的是不同的照片，而不是一张共同的照片。

有这样一个场景，这对夫妻在一段亲密的谈话后跳舞，然后做爱，分享着他们失去的往昔，回忆着流逝的时光。然而，没有一种谈心能永远持续下去。半夜凯特醒来，她发现杰夫去阁楼找剪贴簿里卡蒂亚的照片。房子里似乎充满了无声隐藏的可怕记忆。凯特仿佛石化般，在冷漠的愤怒中僵住。她看似平静却内心烦乱，那个晚上，这对夫妻非常心不在焉地吃了晚餐。

随着电影情节的展开，场景转移到他们的床上，杰夫仰望天花板细数着他年轻时和卡蒂亚在一起的美好时光。他沉浸在对往事的回忆里，也许是想象着他和凯特能够在他们之间找到空间安放这些回忆。然而，这似乎是不可能的。凯特对他的话有不同的理解。她听到的是他对卡蒂亚的渴望，对美好往事的追忆。但事实是凯特并不认识她，很快，凯特就开始表达不满。当凯特向杰夫强调自己不认识她时，她问杰夫，如果卡蒂亚没有死，他是否会和卡蒂亚结婚，这时，他们的分歧浮出了水面。

精神分析夫妻治疗师可能会帮助他们澄清，他们是如何困在一个无意识的投射过程中，从而扭曲了现实的情况。然而，基于凯特原本的客体关系（内部联结），她把杰夫的退却解读为他更喜欢卡蒂亚而不是自己。杰夫感到很恼火，无法理解凯特受了什么刺激。这导致他们的关系进一步疏远，于是杰夫最后回答"是的"。杰夫好像很惊讶，他照字面意思回答了凯特的问题，却无法理解凯特的痛苦。凯特希望杰夫没有过去，而杰夫希望向凯特分享他的过去，仿佛他们都希望共享这段经验，并且不会为此感到不安。随着指责的升级，凯特和杰夫不再是冰释前嫌的一对。与之相反，烦恼、嫉妒、不安等感受成为他们现在的联结，威胁着他们对未来的信心。

如果他们能够解释清楚，他的回忆并没有动摇他对凯特的爱，他可以放弃过去，那么他们的关系可能会朝着不同的方向发展。此外，如果凯特能够感觉到，他们不是在谈论卡蒂亚，而是在谈论他或他们，谈论他对过往、对青春或变老的怀念，那么他们的体验是可以重构的。相反，他们目前所经历的是一种彻底的崩溃，一种失去夫妻关系的体验。

第二天，凯特发现了照片的幻灯片，并将它们放入投影仪，她发现了怀孕的卡蒂亚的照片，这揭开了一个令人不安的秘密。当凯特发现杰夫保留了卡蒂亚的照片，知道卡蒂亚已经怀孕时，她联想到没有照片的墙壁，现在回想起来，她对这些有了新的解读。然而，她继续把这个发现当作秘密保守下去，或许是要把这些发现当作杰夫对她虚假的爱、对她不忠的进一步证据。

尽管如此，派对的准备工作仍在继续。然而，凯特对杰夫保持着疏远，直到他们一起看到一位朋友为他们准备的他们过往的照片。她在会客厅里挪动自己沉重的双脚，仿佛从远处看着眼前的一切，仿佛不属于这里。有那么一刻，她似乎恢复了一种不同的情绪。他们的朋友准备了一块黑板，上面有他们过去不同时刻的生活照片：他们过去养的狗、共同的朋友、他们的旅行。大家都开心地看着这些照片，等着杰夫作纪念日感言，期待着这些照片能让他感极而泣。

杰夫在感言里说，随着年龄越来越大，人们似乎不再做选择，而年轻时所做的选择是至关重要的。就像凯特和他在45年前的那一天做出的选择一样。他继续说，事情并不总是如田园诗般美好。和所有的夫妻一样，他们也有起有伏。他们希望的行事方式可能都有所不同。

他用情至深地继续说，他必须告诉大家说服凯特嫁给他是他做过的最棒的事，他很遗憾凯特并非一直知道这一点。然后他哭了起来，向她表白他的爱，感谢凯特站在他身边，忍受着他所有的胡言乱语，希望他们的关系能天长地久。

当这对夫妻被邀请到舞池中央为他们的纪念日跳舞时，凯特看起来很悲伤，最后的特写镜头将她与舞池拥挤的人群隔离开来。凯特仿佛对自己的信念深信不疑，她的脸上写满了各种各样复杂的情绪。随着演职人员的名单出现在屏幕上，观众仍然想知道这场危机的结局会是什么。而精神分析夫妻治疗师和这对夫妻面临的挑战在于，如何从内部和外部联结来理解这场危机。

讨论

弗洛伊德认为，忧郁状态下的个体是从自恋的角度去体验客体丧失的。恋人们在坠入爱河时也进行了自恋性的客体 - 选择——当他们在关系中获得归属感时，他们也倾心于代表"夫妻"和"在一起"的表征。也就是说，他们不仅爱上了对方，也爱上了一个特别的、神奇的、以夫妻共享为设定的表征。正是这一点让他们坚信这种虚幻信念的特殊性，并以此确定了夫妻的身份。

在电影《45年》中，这对夫妻经历的危机可以看作是幻想破灭的结果，随之而来的是原以为拥有的共享表征的丧失，这一表征饱含了潜伏于激情之下的幻觉。失去了这一表征 - 客体，就意味着失去了他们之间的联结。在这类夫妻中，这种联结可以以不同的方式表现出来。一个典型的表现就是夫妻对他们各自经历的叙述。当描述他们的原生家庭或他们的生活时，你会发现他们建立联结的方式存在一种尝试，尝试达成一种虚幻的统一。

和忧郁症一样，指责和抱怨证实了夫妻对丧失的自恋性体验，虽然这些指责和抱怨表面上是针对配偶的，但它们在无意识中代表了一种感受，即夫妻之间理想化的表征已经或者正在消失。虽然他们可以意识到有些东西已经不在了，但是他们却不知道丢失了什么。当自恋机制无法维持运行时，他们就感到这种联结受到了灾难性的威胁。

我们在每对夫妻身上都能看到他们对关系起源特殊性的理想化表征，这也构成了现代夫妻的稳定基础。因此，那些不属于这一共享起源的过去必须予以否定。为了让夫妻保持一种不受时间影响的感觉，个体以前的经历必须被赋予无关紧要的色彩。他们在一起的表征需要一个"共享"的愿望，或许也包括不要孩子的愿望。

影片中，突然出现的卡蒂亚怀孕的照片带来了强烈的冲击，打破了这对夫妻无意识的约定，导致他们的亲密关系出现隔阂。一种新的时间维度被引入夫妻联结中，要求夫妻对已被排除在现有集合之外的时间维度进行处理，以保持集合的理想化。

从这个角度看，电影的开场具有新的意义：凯特和往常一样散步回来，碰到以前的一个学生。他们互相问候，凯特询问他孩子们的情况。他说双胞胎让他起得很早。凯特说自己忘记了（他们的出生），同时表达了祝贺。我们可以推测，否认双胞胎的出生与这对夫妻不生孩子的无意识协定有关。为了达到这一目的，双方需要设定一个"共同"的否认。卡蒂亚怀孕的照片让凯特感到震惊，让人意识到这对他们来说应该是个问题。

莫吉兰斯基和瑟戈尔（Moguillansky & Seiguer, 1996）认为，基于一个共享的信念，夫妻的归属感也建立在一个三元场景中——一个外部的他人以一种理想化的方式看着（双方）相爱。我们的假设是，当这种理想化的情感体验瓦解，这个外部的第三方不再是夫妻之外的人，随即，其中一方变成了第三方，看着一对理想化的夫妻，而他/她已不再属于其中。

从联结的角度思考电影《45年》中的这对夫妻，可以发现他们的危机隐含着一个关键点，这个关键点不在于杰夫个人被冰封的哀悼过程的复苏，而在于这对夫妻本身理想化表征——一个自恋的、忽略差异的整体——的丧失。这让他们产生一种灾难降临的感觉，由此个体像处于忧郁症中一样，在关系中表现出直接和隐匿的指责。这种责备包含了找回失去的、理想化的、自恋的夫妻表征的渴望；渴望弥补因不满而不复存在的、已失去的安全"天堂"。可以说，这对夫妻想象中的天堂生活包含了他们共享的不要孩子的愿望。这个天堂必须建立在这样一个一致的立场上。但对凯特来说，卡蒂亚的怀孕揭示了这种共性是虚构的。

电影《45年》完美地描绘了夫妻之间幻想的破灭如何打破最初恋爱过程中无意识建立的契约。在这部电影中，幻灭围绕着一个关于无子女婚姻的协定被打破，但夫妻在日常生活中也会面临很多这样的幻灭感，它们有可能被修通，也有可能成为无法解决的危机。

总结

联结理论为理解夫妻之间的哀悼和忧郁提供了一个重要的解释性概念。弗洛伊德将原始自恋视为一个重要的发展阶段，它为自我的形成提供了必要的连贯性。在夫妻关系的形成过程中，自恋也扮演着重要的角色，它将两个独立的个体捆绑在一起，形成一个完美的"整体"。这需要一种特殊类型的联结来维系夫妻的关系。一对自恋夫妻建立的联结和相关的主体间性需要否认任何可能威胁到夫妻身份的差异。在电影《45年》中，凯特和杰夫这对夫妻正是因各自自恋倾向的联结，使得他们无法整合杰夫未处理的经历。这对夫妻正面临着身份危机，因为先前在他们的关系中被排除在外的差异现在戏剧性地侵入他们之间。每一个稳定的联结都会有矛盾的时刻，也会有幻觉的连续性、同一性或互补性——正是它们支撑着夫妻的身份感——破裂的时刻。如果夫妻之间能够修通这种幻灭感，重拾信心，就有可能出现一种新的稳定状态，同时重建联结，无论这种联结看起来是多么虚无缥缈和短暂 [1]。不管怎样，夫妻危机的成功解决可以让联结变得更加牢固并富有弹性。

---

[1] 我们相信，夫妻双方可以通过宽容和尊重来生存和发展，而这种宽容和尊重以前被抑制在无意识中，未被他们意识到。（辛西娅·格雷戈里-罗伯茨）——译者注

参考文献

Aulagnier, P. (1975). *The Violence of Interpretation: From Pictogram to Statement.* The New Library of Psychoanalysis. New York: Routledge, 2001.

Freud,S. (1914). On Narcissism: An Introduction.*S.E.,* 14: 67-102.

Freud, S. (1917). Mourning and Melancholia. *S.E.,*14: 237-258.

Freud, S.(1926). Inhibitions, Symptoms and Anxiety. *S.E.,* 20: 75-176.

Kaës, R.(1994). Psychic work and unconscious alliances in therapeutic institutions. *British Journal of Psychotherapy,* 10:361-371.

Klein, M.(1935). *Love, Guilt and Reparation and Other Works-The Writings of Melanie Klein, Volume 1* (pp. 262-289).London: Hogarth Press, 1975(reprinted London: Karnac,1992).

Moguillansky, R., & Seiguer, G. (1996). *La Vida Emocional de la Familia (The Emotional Life of Families).* Buenos Aires: Lugar Ed.

Pinter,H. (1969), *Night.* Retrieved from www.haroldpinter.org/publications/ publications_byharold.shtml

结语

蒂莫西·基奥、辛西娅·格雷戈里-罗伯茨

编写本书正值弗洛伊德的《哀悼与忧郁》一文发表100周年，本书以该主题为核心内容，此时出版似乎适逢其时。本书的总体宗旨是引起人们关注夫妻和家庭承受的一种特殊形式的痛苦——经历丧失之后的忧郁反应——对此，我们认为可以通过短程精神分析治疗进行干预。需要强调的是，我们提出了一种针对夫妻和家庭精神分析干预的形式，它整合了客体关系理论和联结理论。在提出这些想法的同时，我们特别想强调夫妻和家庭精神分析的意义，它也成为近十年来一种稳固的干预模式。

我们希望借本书表明，通过心理学和其他一些研究的结果，复杂性和持续性哀伤的影响和后果已经得到越来越多的承认，它是一个严重的心理健康问题，需要专门的诊断和治疗。虽然大多数的相关研究重点聚焦于个人，但这些研究结果也表明，夫妻和家庭中未完成的哀伤会导致严重的心理障碍，也会导致家庭关系的破裂和相应的经济和社会影响。因此，我们认为这些夫妻和家庭所面临的困境急需得到关注。

此外，正如我们尝试说明的，未能解决这类问题的夫妻和家庭会导致问题的代际传递。在更广泛的社会层面，这一未完成的尤其是创伤性丧失的代际传递会增加社会张力和冲突。

从心理动力学的角度来看，我们认为忧郁反应的易感因素之一是个体与他人的心理分离程度。对此，我们注意到最近有许多与复杂性和持续性哀伤有关的研究，这些研究间接证明了弗洛伊德最初在他的文章《哀悼与忧郁》一文中提出的被后人视为精神分析精华的观点。

在客体关系理论方面，我们概述了分离和个体化如何在自我和他人的心理表征中显示出来，这些心理表征又如何在外显的夫妻关系中被（无意识）表达。此外，我们还提出，联结代表了夫妻共同构建的独立部分，二元夫妻关系中的个体通过联结来表达他们内在的模板。我们认为，夫妻关系的病理性联结中存在一种共谋，这种共谋会保存夫妻各自固有的内部客体关系。

通过大量的临床案例和节选片段，我们试着进一步展示一些精神分析概念在临床中的应用价值。这些临床案例和片段也表明，精神分析理论在应用于夫妻和家庭上时具有跨文化适用性。其中的一个应用是焦点性评估反应方法，这种方法需要治疗师不仅要具备常规的精神分析能力，还需要熟悉与未处理的哀伤相关的理论框架。

夫妻和家庭精神分析是精神分析发展中一个比较新的分支。尽管如此，这一领域在近几十年获得了各个国际性委员会和组织机构的大力支持，全球的从业者们能有幸获得交流的机会。一些专门针对夫妻和家庭精神分析领域创立的期刊也促进了这一实践领域的发展。这些专业交流模式让众多从业者能够不断接受一些新概念和新想法的挑战，比如联结理论，最初人们对它非常陌生（联结理论直到最近才以外语形式被使用）。然而，对这些新概念最初的抗拒最终开辟了一个新的空间，一些新想法能够被整合成形，促进了夫妻和家庭精神分析进一步发展。这也可以看作是一个对他人开放同时也不妨碍保持自我意识的过程。这个过程和夫妻在形成创造性联结时所面临的挑战是一样的。

这种对新事物的开放性也关联到本书的一个中心主题，即如果心理发展不允许改变，就会限制创造性。因此，这种创造性国际对话的出现，对我们这个领域来说是一种健康的心理发展。有趣的是，我们也发现在不同的文化背景下，有些独立的、平行的理论已经开始发展。确实，如果我们把主体间性作为一个共同因素，那么关于夫妻和家庭精神分析的所有理论分支都越来越多地朝向共同创造的方向发展。从这个意义上来说，无论是奥格登的"分析性第三方"、狄克斯的"夫妻共同人格"、比昂的"容器-被涵容"理论、福禄（Ferro）的"分析性场域"概念的重述，还是联结的概念，都表明在精神分析中，特别是在夫妻和家庭精神分析中，主体间性的概念得到了越来越多的承认。这也体现出对主体间性的理解需要放弃思想的孤立性。主体间性意味着"共享"或者"相互性"，这当然是这一概念后期的发展，比胡塞尔等学者最初设想的更具体、更狭义。胡塞尔等学者最初的概念要广泛得多，他们认为主体间性不需要双方达成共同的协定或相互理解。相反，在互动层面，胡塞尔认为主体间性更像是一个交易场所而非共享的理解。另外，本书中提到的临床案例和片段都强调，治疗师不应把自己或他人视为一个"孤立的思想"。这样，治疗师就能够通过反移情和/或自己在治疗性联结中的体验去体验对方的世界了。

　　本书中经验丰富的精神分析师和精神分析取向的心理治疗师报告的临床案例和片段说明了一系列丧失体验——包括失去孩子、失去父母、流产和感知到的关系的丧失——的代际性影响。这些案例也说明了来自不同文化背景的夫妻和家庭治疗师在治疗中的不同处理方式，以及他们是如何选择治疗焦点的。同时，这些案例也显示了一些共性，包括重视处理无意识过程，特别是夫妻（作为来访者）和治疗师之间的移情，还有夫妻各自和治疗师之间的移情。我们相信，和夫妻进行工作可以丰富治疗师个体治疗的经验，因为它增强了治疗师对内部夫妻的理解。

　　回到本书的核心主题，虽然我们关注的是夫妻经历的丧失以及对夫妻哀悼过程的支持，我们同样需要关注所有精神分析干预方式的核心——哀悼能力的发展。对精神分析师和精神分析取向的心理治疗师来说，哀悼是心理发展中最重要的精神分析概念之一。这也是弗洛伊德的开创性思想及其发展，特别是克莱茵的理论在精神分析文献中有如此重要地位的原因。这些思想理论不仅具有持久的现实意义，也具有跨文化的特征。在治疗经历了未完成丧失的夫妻和家庭，在与经历未完成丧失的夫妻的家庭一起工作时，精神分析方法的效力在于，它可以促进已丧失的心理客体功能的恢复，进而改变个体的现实体验。

致谢

　　基于临床和个人经历，我们出版了本书。我们对来访者们（个人、夫妻和家庭）表示深深的敬意，从他们那里我们学到了很多东西。然而，把这些经历写成文字需要获得大量的支持和鼓励。因此，我们也非常感谢那些给我们介绍夫妻和家庭精神分析工作的人，那些在澳大利亚以这种模式培训我们的人以及帮助我们发展我们的临床思维的同行们。

　　我们还要特别感谢大卫和吉尔·萨夫夫妇，他们多年来一直致力于推动国际间夫妻和家庭精神分析心理治疗的持续发展，一直为我们提供指导，让我们深受启发。我们也非常感谢来自世界各地的同行们的支持（包括本书的一些作者们），通过国际精神分析协会（IPA）夫妻和家庭精神分析委员会以及IPA承办的国际夫妻和家庭精神分析大会（Buenos Aires，2015；Madrid，2017），我们认识了众多的同行们，得以建立新的专业联盟和支持体系。

我们特别感谢（在布宜诺斯艾利斯大会期间）来自南美同行们的鼓励，特别是 Monica Vorchheimer，以及 Janine Puget 和 Roberto Losso 等国际知名的夫妻和家庭精神分析师，一直耐心地回应着我们的想法。

在报道和撰写临床经验的过程中，我们还得到了许多同行们的支持和鼓励，包括国际夫妻和家庭精神分析协会（IACFP）的同行们，特别是 Rosa Jaitin；我们在塔维斯托克的同行们，特别是 Mary Morgan；美国的同行们，特别是 Caroline Sehon、Janine Wanlass、Karen Proner；还有欧洲的同行们，特别是 Anna Maria Nicolò、Diana Norsa 和 Elizabeth Palacios。我们也非常感谢《夫妻和家庭精神分析》（*Couple and Family Psychoanalysis*）主编 Molly Ludlam 的大力支持。

我们特别感谢 Thomas Murphy 在编辑本书时提供的慷慨支持，感谢 Toby Brunckhorst 对本书图表的贡献。

最后，我们要感谢众多默默经历着未完成哀伤，承受着痛苦的夫妻和家庭，希望本书能够尽微薄之力帮助他们找到适合自己需要的干预方式。

蒂莫西·基奥（Timothy Keogh），哲学博士（医学），培训和督导精神分析师，澳大利亚精神分析学会正式会员，IPA夫妻和家庭精神分析委员会成员，国际夫妻和家庭精神分析协会（IACFP）董事会成员，国际咨询委员会《夫妻和家庭精神分析》杂志成员，悉尼大学医学院名誉高级讲师，悉尼大学历史与科学哲学学院兼职副教授，国际精神分析学会研究员。著有《青少年性犯罪者的内心世界：透过黑暗面对面》，发表并合著多篇关于夫妻和家庭精神分析心理治疗期刊文章及书籍章节。

辛西娅·格雷戈里-罗伯茨（Cynthia Gregory-Roberts），MAASW（ACC），MACSW，临床社会工作者，夫妻和家庭精神分析心理治疗师，于悉尼私人执业。她也是澳大利亚社会工作者协会和社会工作学院的成员，一名被认证的心理健康社会工作者。同时也是国际夫妻和家庭精神分析协会成员，澳大利亚儿童和家庭心理治疗协会成员，合著了多篇关于夫妻和家庭精神分析心理治疗期刊文章及书籍章节。对全科医生和心理健康工作者来说，她是一位经验丰富的教师和督导。

图书在版编目（CIP）数据

夫妻和家庭中的丧失：一种精神分析的视角 /（澳）
蒂莫西·基奥（Timothy Keogh），（澳）辛西娅·格雷戈
里–罗伯茨（Cynthia Gregory-Roberts）编；张洁，胡
华译. -- 重庆：重庆大学出版社，2024.6
（鹿鸣心理.心理咨询师系列）
书名原文：PSYCHOANALYTIC APPROACHES TO LOSS:
Mourning, Melancholia and Couples

ISBN 978-7-5689-4499-1

Ⅰ.①夫…　Ⅱ.①蒂…②辛…③张…④胡…　Ⅲ.
①精神分析　Ⅳ.①B841

中国国家版本馆CIP数据核字（2024）第092096号

夫妻和家庭中的丧失：一种精神分析的视角

FUQI HE JIATING ZHONG DE SANGSHI: YIZHONG JINGSHEN FENXI DE SHIJIAO

［澳］蒂莫西·基奥（Timothy Keogh）
［澳］辛西娅·格雷戈里 – 罗伯茨（Cynthia Gregory-Roberts）　编
张　洁　胡　华译
张　洁　　　　审　校

鹿鸣心理策划人：王　斌
策划编辑：敬　京
责任编辑：李桂英
责任校对：刘志刚
责任印制：赵　晟
*
重庆大学出版社出版发行
出版人：陈晓阳
社址：重庆市沙坪坝区大学城西路 21 号
邮编：401331
电话：（023）88617190　88617185（中小学）
传真：（023）88617186　88617166
网址：http://www.cqup.com.cn
邮箱：fxk@cqup.com.cn（营销中心）
全国新华书店经销
印刷：重庆市正前方彩色印刷有限公司
*
开本：720mm×1020mm　1/16　印张：14.00　字数：202 千
2024 年 6 月第 1 版　　2024 年 6 月第 1 次印刷
ISBN 978-7-5689-4499-1　　定价：78.00 元